## 考える力がつく！ 100マス計算

本書《ほんしょ》は、基礎計算《きそけいさん》を習熟《しゅうじゅく》する学習法《がくしゅうほう》として60年以上《ねんいじょう》取《と》り組《く》まれてきた「100マス計算《けいさん》」に、「思考力《しこうりょく》」をきたえる算《さん》数《すう》パズル問題《もんだい》を組《く》み合《あ》わせて考《かんが》える力《ちから》がつくようにしました。

単純《たんじゅん》な計算問題《けいさんもんだい》に留《とど》まらない問題《もんだい》を収録《しゅうろく》したので、たし算《ざん》の100マス計算《けいさん》であってもひき算《ざん》をすることが求《もと》められたり、時計《とけい》を読《よ》むことを求《もと》められたりと、複数《ふくすう》の算数的処理《さんすうてきしょり》を行《おこな》うことになります。そうすることで、脳《のう》の活性化《かっせいか》をうながし、「考《かんが》える力《ちから》」がつくことを目指《めざ》しました。

ただし、100マス計算《けいさん》は基礎計算《きそけいさん》の習熟法《しゅうじゅくほう》として作《つく》られたメソッドです。その100マス計算《けいさん》の本来《ほんらい》の考《かんが》え方《かた》から外《はず》れないよう、以下《いか》の決《き》まりをもって制作《せいさく》いたしました。

① 「100マス計算《けいさん》」を必《かなら》ず解《と》く（または、それに準《じゅん》ずる）
② 基礎計算《きそけいさん》の延長《えんちょう》にある、たしかめ算《ざん》や筆算《ひっさん》をする力《ちから》を伸《の》ばし、通常《つうじょう》と同《おな》じかそれ以上《いじょう》の回数計算《かいすうけいさん》できる
③ 算数的思考《さんすうてきしこう》が、いくつも起《お》きる問題《もんだい》にする

本書《ほんしょ》を活用《かつよう》することで、基礎計算《きそけいさん》をもっとがんばりたい子《こ》から「考《かんが》える力《ちから》」をつけたい子《こ》まで、すべての子《こ》どもたちに算数《さんすう》をもっと好《す》きになってもらえれば幸《さいわ》いです。



### ★初級《しょきゅう》レベル

対象《たいしょう》：「たし算《ざん》・ひき算《ざん》」ができる（小学校低学年《しょうがっこうていがくねん》～）

内容《ないよう》：数字《すうじ》や計算《けいさん》、時計《とけい》などと親《した》しむことで、算数的思考《さんすうてきしこう》をし、授業《じゅぎょう》でも役立《やくだ》つ楽《たの》しい問題《もんだい》を収録《しゅうろく》。

### ★中級《ちゅうきゅう》レベル

対象《たいしょう》：「たし算《ざん》・ひき算《ざん》・かけ算《ざん》」ができる（小学校《しょうがっこう》２年《ねん》～）

内容《ないよう》：基礎計算《きそけいさん》をいくつか用《もち》いて、いろいろな算数的思考《さんすうてきしこう》をし、少《すこ》し考《かんが》え方《かた》を変《か》える必要《ひつよう》がある問題《もんだい》も収録《しゅうろく》。

### ★上級《じょうきゅう》レベル

対象《たいしょう》：２けたの「たし算《ざん》・ひき算《ざん》・かけ算《ざん》」ができる（小学校中《しょうがっこうちゅう》・高学年《こうがくねん》～）

内容《ないよう》：答《こた》えが200までの２けたの計算《けいさん》を用《もち》いて、いくつかの算数的思考《さんすうてきしこう》をし、解《と》き方《かた》を考《かんが》えることで、裏道《うらみち》があるような問題《もんだい》も収録《しゅうろく》。（おまけとして、分数《ぶんすう》の問題《もんだい》も収録《しゅうろく》）

### ◎巻末《かんまつ》に、各問題《かくもんだい》のヒントつき！

各《かく》ドリルの巻末《かんまつ》には、問題《もんだい》を解《と》くためのヒントがまとめられています。答《こた》えとは別《べつ》に保管《ほかん》しておくとよいです。

# 100マス計算のルール

① 1枚《まい》ずつはぎ取《と》り、名前《なまえ》と日《ひ》づけをかきます。

② 上《うえ》に並《なら》んでいる「横《よこ》の列《れつ》」の数《かず》と、左右《さゆう》に並《なら》んでいる「たての列《れつ》」の数《かず》を順《じゅん》に計算《けいさん》します。（右《みぎ》ききの場合《ばあい》は左横《ひだりよこ》の数字《すうじ》を、左《ひだり》ききの場合《ばあい》は右横《みぎよこ》の数字《すうじ》を見《み》て計算《けいさん》しましょう）

1列目横《れつめよこ》からはじめて、そのまま横《よこ》に進《すす》みます。

右きき用 ↓　＋、－、×の記号《きごう》を見《み》て、演算《えんざん》を決定《けってい》しましょう。　↓ 左きき用

| ＋ | 2 | 8 | 3 | 7 | 4 | 9 | 1 | 5 | 10 | 6 | ＋ |
|---|---|---|---|---|---|---|---|---|---|---|---|
| 2 | 4 | 10 → | | | | | | ← | 12 | 8 | 2 |
| 7 | (2+2) | | | | | | | | | (2+6) | 7 |
| 4 | | | | | | | | | | | 4 |
| 9 | | | | | | | | | | | 9 |
| 5 | | | | | | | | | | | 5 |
| 1 | | | | | | | | | | | 1 |
| 8 | | | | | | | | | | | 8 |
| 3 | | | | | | | | | | | 3 |
| 6 | | | | | | | | | | | 6 |
| 10 | | | | | | | | | | | 10 |

| － | 15 | 20 | 11 | 13 | 16 | 12 | 19 | 17 | 18 | 14 | － |
|---|---|---|---|---|---|---|---|---|---|---|---|
| 6 | 9 | 14 → | | | | | | ← | 12 | 8 | 6 |
| | (15-6) | | | | | | | | | (14-6) | |

③ 1列目《れつめ》が終《お》わったら、下《した》の列《れつ》も同《おな》じように計算《けいさん》していきます。

| × | 5 | 10 | 1 | 3 | 6 | 2 | 9 | 7 | 8 | 4 | × |
|---|---|---|---|---|---|---|---|---|---|---|---|
| 6 | 30 | 60 → | | | | | | ← | 48 | 24 | 6 |
| | (6×5) | | | | | | | | | (6×4) | |

④ 全部計算《ぜんぶけいさん》できたら、答《こた》え合《あ》わせをしましょう。
（本書《ほんしょ》ではタイムの計測《けいそく》はせず、できたかどうかを重視《じゅうし》します）

# がんばり表

本書《ほんしょ》を取《と》り組《く》んだ日《ひ》づけを、この表《ひょう》にも記入《きにゅう》しましょう。

| タイトル | 月　日 | タイトル | 月　日 |
|---|---|---|---|
| 100マス計算 ① | 月　日 | パズル 100マス ① | 月　日 |
| 100マス計算 ② | 月　日 | パズル 100マス ② | 月　日 |
| 100マス計算 ③ | 月　日 | パズル 100マス ③ | 月　日 |
| 100マス計算 ④ | 月　日 | パズル 100マス ④ | 月　日 |
| 100マス計算 ⑤ | 月　日 | スクリーン 100マス ① | 月　日 |
| ダウト 100マス ① | 月　日 | スクリーン 100マス ② | 月　日 |
| ダウト 100マス ② | 月　日 | スクリーン 100マス ③ | 月　日 |
| ダウト 100マス ③ | 月　日 | スクリーン 100マス ④ | 月　日 |
| ダウト 100マス ④ | 月　日 | ダブルアップ 100マス ① | 月　日 |
| ダウト 100マス ⑤ | 月　日 | ダブルアップ 100マス ② | 月　日 |
| ブランク 100マス ① | 月　日 | ダブルアップ 100マス ③ | 月　日 |
| ブランク 100マス ② | 月　日 | ダブルアップ 100マス ④ | 月　日 |
| ブランク 100マス ③ | 月　日 | リサーチ 100マス ① | 月　日 |
| ブランク 100マス ④ | 月　日 | リサーチ 100マス ② | 月　日 |
| ブランク 100マス ⑤ | 月　日 | リサーチ 100マス ③ | 月　日 |
| バランス 100マス ① | 月　日 | リサーチ 100マス ④ | 月　日 |
| バランス 100マス ② | 月　日 | フラクション 50マス ① | 月　日 |
| バランス 100マス ③ | 月　日 | フラクション 50マス ② | 月　日 |
| バランス 100マス ④ | 月　日 | フラクション 50マス ③ | 月　日 |
| バランス 100マス ⑤ | 月　日 | フラクション 50マス ④ | 月　日 |

# 100マス計算 ①

月　　日　　名前

つぎのマス計算《けいさん》をといて、「100マス計算《けいさん》」のルールになれましょう。

マス計算《けいさん》のルールは、巻頭《かんとう》の2ページ目《め》のルールをかくにんしてください。

| + | 23 | 27 | 21 | 30 | 24 | 26 | 29 | 22 | 25 | 28 | + |
|---|---|---|---|---|---|---|---|---|---|---|---|
| 5 | | | | | | | | | | | 5 |
| 2 | | | | | | | | | | | 2 |
| 8 | | | | | | | | | | | 8 |
| 6 | | | | | | | | | | | 6 |
| 1 | | | | | | | | | | | 1 |
| 3 | | | | | | | | | | | 3 |
| 9 | | | | | | | | | | | 9 |
| 4 | | | | | | | | | | | 4 |
| 7 | | | | | | | | | | | 7 |
| 10 | | | | | | | | | | | 10 |

# 100マス計算 ②

月　　日　　名前

つぎのマス計算《けいさん》をといて、「100マス計算《けいさん》」のルールになれましょう。

マス計算《けいさん》のルールは、巻頭《かんとう》の2ページ目《め》のルールをかくにんしてください。

| + | 40 | 33 | 38 | 32 | 35 | 31 | 39 | 36 | 34 | 37 | + |
|---|---|---|---|---|---|---|---|---|---|---|---|
| 20 | | | | | | | | | | | 20 |
| 13 | | | | | | | | | | | 13 |
| 15 | | | | | | | | | | | 15 |
| 17 | | | | | | | | | | | 17 |
| 14 | | | | | | | | | | | 14 |
| 18 | | | | | | | | | | | 18 |
| 16 | | | | | | | | | | | 16 |
| 12 | | | | | | | | | | | 12 |
| 19 | | | | | | | | | | | 19 |
| 11 | | | | | | | | | | | 11 |

# 100マス計算 ③

月　　日　　名前

つぎのマス計算《けいさん》をといて、「100マス計算《けいさん》」のルールになれましょう。

マス計算《けいさん》のルールは、巻頭《かんとう》の2ページ目《め》のルールをかくにんしてください。

| − | 24 | 29 | 23 | 25 | 27 | 30 | 21 | 22 | 28 | 26 | − |
|---|---|---|---|---|---|---|---|---|---|---|---|
| 7 | | | | | | | | | | | 7 |
| 2 | | | | | | | | | | | 2 |
| 10 | | | | | | | | | | | 10 |
| 6 | | | | | | | | | | | 6 |
| 3 | | | | | | | | | | | 3 |
| 5 | | | | | | | | | | | 5 |
| 9 | | | | | | | | | | | 9 |
| 4 | | | | | | | | | | | 4 |
| 8 | | | | | | | | | | | 8 |
| 1 | | | | | | | | | | | 1 |

# 100マス計算《けいさん》 ④

月　　日　　名前

つぎのマス計算《けいさん》をといて、「100マス計算《けいさん》」のルールになれましょう。

マス計算《けいさん》のルールは、巻頭《かんとう》の2ページ目《め》のルールをかくにんしてください。

| − | 34 | 40 | 39 | 33 | 37 | 35 | 31 | 36 | 38 | 32 | − |
|---|---|---|---|---|---|---|---|---|---|---|---|
| 15 | | | | | | | | | | | 15 |
| 18 | | | | | | | | | | | 18 |
| 11 | | | | | | | | | | | 11 |
| 14 | | | | | | | | | | | 14 |
| 16 | | | | | | | | | | | 16 |
| 12 | | | | | | | | | | | 12 |
| 19 | | | | | | | | | | | 19 |
| 13 | | | | | | | | | | | 13 |
| 20 | | | | | | | | | | | 20 |
| 17 | | | | | | | | | | | 17 |

# 100 マス計算 ⑤

月　日　名前

つぎのマス計算《けいさん》をといて、「100 マス計算《けいさん》」のルールになれましょう。

マス計算《けいさん》のルールは、巻頭《かんとう》の2ページ目《め》のルールをかくにんしてください。

| × | 19 | 20 | 14 | 16 | 13 | 11 | 17 | 15 | 12 | 18 | × |
|---|---|---|---|---|---|---|---|---|---|---|---|
| 5 | | | | | | | | | | | 5 |
| 1 | | | | | | | | | | | 1 |
| 6 | | | | | | | | | | | 6 |
| 3 | | | | | | | | | | | 3 |
| 7 | | | | | | | | | | | 7 |
| 2 | | | | | | | | | | | 2 |
| 4 | | | | | | | | | | | 4 |
| 9 | | | | | | | | | | | 9 |
| 8 | | | | | | | | | | | 8 |
| 10 | | | | | | | | | | | 10 |

# ダウト 100 マス ①

月　　日　　名前

この「100 マス計算《けいさん》」には、答《こた》えが書《か》かれていますが、答《こた》えの数《かず》がまちがえているものがまざっています。

まちがえている答《こた》えを見《み》つけて、その数字《すうじ》を○でかこみましょう。

| + | 46 | 42 | 49 | 50 | 43 | 48 | 41 | 45 | 47 | 44 | + |
|---|---|---|---|---|---|---|---|---|---|---|---|
| 16 | 62 | 58 | 65 | 66 | 59 | 64 | 57 | 61 | 63 | 60 | 16 |
| 20 | 66 | 62 | 69 | 71 | 63 | 68 | 61 | 65 | 67 | 64 | 20 |
| 17 | 64 | 59 | 66 | 67 | 60 | 65 | 58 | 62 | 65 | 61 | 17 |
| 11 | 57 | 53 | 61 | 61 | 54 | 59 | 52 | 56 | 58 | 55 | 11 |
| 12 | 58 | 54 | 61 | 62 | 55 | 60 | 53 | 58 | 59 | 56 | 12 |
| 19 | 65 | 61 | 68 | 70 | 62 | 67 | 60 | 64 | 66 | 63 | 19 |
| 14 | 60 | 56 | 63 | 64 | 57 | 62 | 55 | 59 | 61 | 57 | 14 |
| 15 | 61 | 58 | 64 | 65 | 58 | 63 | 56 | 60 | 62 | 59 | 15 |
| 13 | 59 | 55 | 62 | 63 | 57 | 61 | 54 | 58 | 60 | 57 | 13 |
| 18 | 65 | 60 | 67 | 68 | 61 | 66 | 59 | 63 | 65 | 62 | 18 |

# ダウト 100 マス ②

月　日　名前

この「100 マス計算《けいさん》」には、答《こた》えが書《か》かれていますが、答《こた》えの数《かず》がまちがえているものがまざっています。

まちがえている答《こた》えを見《み》つけて、その数字《すうじ》を○でかこみましょう。

| + | 53 | 57 | 52 | 58 | 55 | 60 | 51 | 56 | 59 | 54 | + |
|---|---|---|---|---|---|---|---|---|---|---|---|
| 15 | 68 | 72 | 66 | 73 | 70 | 74 | 66 | 71 | 74 | 69 | 15 |
| 14 | 67 | 71 | 66 | 72 | 69 | 74 | 65 | 70 | 73 | 68 | 14 |
| 11 | 64 | 68 | 63 | 69 | 66 | 71 | 62 | 67 | 70 | 65 | 11 |
| 19 | 72 | 75 | 71 | 77 | 74 | 79 | 70 | 75 | 78 | 72 | 19 |
| 18 | 71 | 75 | 70 | 76 | 73 | 78 | 69 | 73 | 77 | 72 | 18 |
| 20 | 73 | 77 | 72 | 78 | 75 | 79 | 71 | 76 | 79 | 74 | 20 |
| 16 | 69 | 73 | 68 | 74 | 70 | 76 | 67 | 72 | 75 | 70 | 16 |
| 13 | 66 | 70 | 64 | 71 | 68 | 73 | 64 | 69 | 72 | 67 | 13 |
| 17 | 70 | 74 | 69 | 75 | 72 | 77 | 68 | 73 | 76 | 70 | 17 |
| 12 | 65 | 69 | 64 | 70 | 67 | 72 | 63 | 68 | 70 | 66 | 12 |

# ダウト 100 マス ③

月　日　名前

この「100 マス計算《けいさん》」には、答《こた》えが書《か》かれていますが、答《こた》えの数《かず》がまちがえているものがまざっています。

まちがえている答《こた》えを見《み》つけて、その数字《すうじ》を○でかこみましょう。

| − | 43 | 49 | 50 | 47 | 44 | 46 | 42 | 45 | 48 | 41 | − |
|---|---|---|---|---|---|---|---|---|---|---|---|
| 15 | 28 | 34 | 36 | 32 | 29 | 31 | 27 | 30 | 33 | 26 | 15 |
| 18 | 25 | 31 | 32 | 30 | 26 | 28 | 24 | 27 | 30 | 23 | 18 |
| 11 | 32 | 38 | 39 | 36 | 33 | 35 | 31 | 34 | 37 | 30 | 11 |
| 14 | 29 | 35 | 36 | 33 | 30 | 32 | 28 | 31 | 35 | 27 | 14 |
| 16 | 28 | 33 | 34 | 31 | 29 | 30 | 26 | 29 | 32 | 25 | 16 |
| 12 | 31 | 37 | 38 | 35 | 32 | 35 | 30 | 33 | 36 | 29 | 12 |
| 19 | 24 | 31 | 31 | 28 | 25 | 27 | 23 | 26 | 29 | 22 | 19 |
| 13 | 30 | 36 | 37 | 34 | 31 | 33 | 30 | 32 | 35 | 29 | 13 |
| 20 | 23 | 29 | 30 | 27 | 24 | 26 | 22 | 25 | 28 | 21 | 20 |
| 17 | 26 | 32 | 33 | 30 | 27 | 29 | 25 | 29 | 31 | 24 | 17 |

# ダウト 100 マス ④

月　　日　　名前

この「100 マス計算《けいさん》」には、答《こた》えが書《か》かれていますが、答《こた》えの数《かず》がまちがえているものがまざっています。

まちがえている答《こた》えを見《み》つけて、その数字《すうじ》を○でかこみましょう。

| − | 55 | 58 | 54 | 51 | 60 | 57 | 53 | 58 | 52 | 56 | − |
|---|---|---|---|---|---|---|---|---|---|---|---|
| 20 | 35 | 38 | 34 | 31 | 40 | 37 | 33 | 38 | 32 | 36 | 20 |
| 15 | 40 | 43 | 39 | 36 | 45 | 42 | 37 | 43 | 37 | 41 | 15 |
| 12 | 43 | 46 | 42 | 39 | 48 | 45 | 41 | 46 | 40 | 44 | 12 |
| 18 | 36 | 40 | 36 | 33 | 42 | 38 | 35 | 40 | 34 | 38 | 18 |
| 14 | 41 | 44 | 40 | 37 | 46 | 43 | 39 | 43 | 38 | 42 | 14 |
| 19 | 36 | 39 | 35 | 31 | 41 | 38 | 34 | 39 | 33 | 36 | 19 |
| 17 | 38 | 41 | 36 | 34 | 43 | 40 | 36 | 41 | 35 | 39 | 17 |
| 11 | 44 | 47 | 43 | 40 | 48 | 46 | 42 | 47 | 41 | 45 | 11 |
| 13 | 42 | 44 | 41 | 38 | 47 | 44 | 40 | 45 | 39 | 43 | 13 |
| 16 | 39 | 42 | 38 | 35 | 44 | 41 | 37 | 42 | 35 | 40 | 16 |

# ダウト 100 マス ⑤

月　日　名前

この「100 マス計算《けいさん》」には、答《こた》えが書《か》かれていますが、答《こた》えの数《かず》がまちがえているものがまざっています。

まちがえている答《こた》えを見《み》つけて、その数字《すうじ》を○でかこみましょう。

| × | 14 | 11 | 15 | 17 | 19 | 20 | 18 | 13 | 16 | 12 | × |
|---|---|---|---|---|---|---|---|---|---|---|---|
| 6 | 84 | 66 | 90 | 102 | 114 | 120 | 108 | 77 | 96 | 72 | 6 |
| 2 | 27 | 22 | 30 | 34 | 37 | 40 | 36 | 26 | 32 | 24 | 2 |
| 10 | 140 | 110 | 150 | 170 | 190 | 200 | 180 | 130 | 160 | 120 | 10 |
| 5 | 70 | 55 | 74 | 85 | 95 | 100 | 90 | 65 | 80 | 60 | 5 |
| 9 | 126 | 99 | 135 | 153 | 171 | 180 | 161 | 117 | 144 | 108 | 9 |
| 7 | 98 | 77 | 105 | 119 | 132 | 140 | 126 | 91 | 112 | 84 | 7 |
| 1 | 14 | 11 | 15 | 17 | 19 | 20 | 18 | 13 | 16 | 12 | 1 |
| 3 | 42 | 33 | 45 | 50 | 57 | 60 | 54 | 39 | 48 | 36 | 3 |
| 8 | 112 | 88 | 120 | 136 | 152 | 160 | 144 | 104 | 127 | 96 | 8 |
| 4 | 56 | 43 | 60 | 68 | 76 | 80 | 72 | 52 | 64 | 47 | 4 |

# ブランク 100 マス ①

月　　日　　名前

つぎの「100 マス計算《けいさん》」は、「たて」と「横《よこ》」の列《れつ》の数《かず》がいくつかぬけています。

今《いま》ある数字《すうじ》から、ぬけているマスの数字《すうじ》を考《かんが》えて書《か》きましょう。

たての列《れつ》には 11 ～ 20 の数《かず》が、横《よこ》の列《れつ》には 61 ～ 70 の数《かず》が 1 回《かい》ずつ入《はい》ります。

それができたら、100 マス計算《けいさん》をしましょう。

| ＋ | 68 | | | 66 | 70 | | | | 64 | 62 | ＋ |
|---|---|---|---|---|---|---|---|---|---|---|---|
| | | | | | | | | | | 75 | |
| | 87 | | | | | | | | | | |
| | | | | | 81 | | | | | | |
| 17 | | 82 | | | | | | | | | 17 |
| 14 | | | 75 | | | | | | | | 14 |
| 20 | | | | | | | 87 | | | | 20 |
| | | | | 84 | | | | | | | |
| 15 | | | | | | | | 84 | | | 15 |
| | | | | | | | | | 76 | | |
| 16 | | | | | | 79 | | | | | 16 |

# ブランク 100 マス ②

月 日 名前

つぎの「100 マス計算《けいさん》」は、「たて」と「横《よこ》」の列《れつ》の数《かず》がいくつかぬけています。

今《いま》ある数字《すうじ》から、ぬけているマスの数字《すうじ》を考《かんが》えて書《か》きましょう。

たての列《れつ》には 11 ～ 20 の数《かず》が、横《よこ》の列《れつ》には 71 ～ 80 の数《かず》が 1 回《かい》ずつ入《はい》ります。

それができたら、100 マス計算《けいさん》をしましょう。

| + | | 79 | 73 | | | 75 | | | | 74 | + |
|---|---|---|---|---|---|---|---|---|---|---|---|
| 19 | | | | | | | | | 97 | | 19 |
| 15 | | | 91 | | | | | | | | 15 |
| | | 91 | | | | | | | | | |
| 18 | | | | | | 95 | | | | | 18 |
| | | | | | | | | 86 | | | |
| | | | | 90 | | | | | | | |
| | | | | | | | | | | 94 | |
| | | | | | | | 86 | | | | |
| 13 | | | | | 93 | | | | | | 13 |
| | 87 | | | | | | | | | | |

# ブランク 100 マス ③

月　　日　　名前

つぎの「100 マス計算《けいさん》」は、「たて」と「横《よこ》」の列《れつ》の数《かず》がいくつかぬけています。

今《いま》ある数字《すうじ》から、ぬけているマスの数字《すうじ》を考《かんが》えて書《か》きましょう。

たての列《れつ》には 11 ～ 20 の数《かず》が、横《よこ》の列《れつ》には 61 ～ 70 の数《かず》が 1 回《かい》ずつ入《はい》ります。

それができたら、100 マス計算《けいさん》をしましょう。

| | | | | | | | | | | | |
|---|---|---|---|---|---|---|---|---|---|---|---|
| － | | 62 | 67 | | | | 66 | 63 | | 64 | － |
| 11 | | | | | 54 | | | | | | 11 |
| 15 | | | | | | 46 | | | | | 15 |
| | | | 48 | | | | | | | | |
| | | | | | | | | | | 50 | |
| 20 | | | | 49 | | | | | | | 20 |
| | | 49 | | | | | | | | | |
| | | | | | | | | 47 | | | |
| | | | | | | | 48 | | | | |
| 12 | 58 | | | | | | | | | | 12 |
| 17 | | | | | | | | | 51 | | 17 |

# ブランク 100 マス ④

月　日　名前

　つぎの「100 マス計算《けいさん》」は、「たて」と「横《よこ》」の列《れつ》の数《かず》がいくつかぬけています。

　今《いま》ある数字《すうじ》から、ぬけているマスの数字《すうじ》を考《かんが》えて書《か》きましょう。

　たての列《れつ》には 11 ～ 20 の数《かず》が、横《よこ》の列《れつ》には 71 ～ 80 の数《かず》が1 回《かい》ずつ入《はい》ります。

　それができたら、100 マス計算《けいさん》をしましょう。

| ー | 73 | | | | | 77 | | | 80 | 75 | ー |
|---|---|---|---|---|---|---|---|---|---|---|---|
| | 56 | | | | | | | | | | |
| 12 | | | | | | | | | | | 12 |
| | | | 59 | | | | | | | 55 | |
| 15 | | | | 56 | | | | 59 | | | 15 |
| | | | | | | 58 | | | | | |
| | | | | | | | | | 66 | | |
| | | 60 | | | | | | | | | |
| 18 | | | | | | | 54 | | | | 18 |
| | | | | | 67 | | | | | | |
| 13 | | | | | | | | | | | 13 |

# ブランク 100 マス ⑤

月　　日　　名前

つぎの「100 マス計算《けいさん》」は、「たて」と「横《よこ》」の列《れつ》の数《かず》がいくつかぬけています。

今《いま》ある数字《すうじ》から、ぬけているマスの数字《すうじ》を考《かんが》えて書《か》きましょう。

たての列《れつ》には 1 ～ 10 の数《かず》が、横《よこ》の列《れつ》には 11 ～ 20 の数《かず》が 1 回《かい》ずつ入《はい》ります。

それができたら、100 マス計算《けいさん》をしましょう。

| × | | 14 | | | 20 | | 13 | | | | × |
|---|---|---|---|---|---|---|---|---|---|---|---|
| 7 | | | | | | | | 105 | | 7 |
| | | | | | | | 130 | | | |
| | | | | 54 | | | | | | |
| | | 112 | | | | | | | | |
| 4 | | | | | | 68 | | | | 4 |
| 1 | 11 | | | | | | | | | 1 |
| | | | 96 | | | | | | | |
| | | | | | | | | | 38 | |
| 9 | | | | | 108 | | | | | 9 |
| | | | | | | 100 | | | | |

# バランス 100 マス ①

月　日　名前

　てんびんのさらの上《うえ》にあるAとBの50マス計算《けいさん》をときましょう。
　AとBの答《こた》えを出《だ》し、それぞれの合計《ごうけい》の数《かず》が大《おお》きい方《ほう》がわかったら、てんびんの真《ま》ん中《なか》の○の中《なか》に、＞か＜を書《か》きましょう。

| + | 2 | 7 | 4 | 9 | 1 | + |
|---|---|---|---|---|---|---|
| 5 | | | | | | 5 |
| 8 | | | | | | 8 |
| 2 | | | | | | 2 |
| 10 | | | | | | 10 |
| 4 | | | | | | 4 |
| 6 | | | | | | 6 |
| 1 | | | | | | 1 |
| 9 | | | | | | 9 |
| 7 | | | | | | 7 |
| 3 | | | | | | 3 |

| + | 6 | 10 | 3 | 8 | 5 | + |
|---|---|---|---|---|---|---|
| 5 | | | | | | 5 |
| 8 | | | | | | 8 |
| 2 | | | | | | 2 |
| 10 | | | | | | 10 |
| 4 | | | | | | 4 |
| 6 | | | | | | 6 |
| 1 | | | | | | 1 |
| 9 | | | | | | 9 |
| 7 | | | | | | 7 |
| 3 | | | | | | 3 |

# バランス 100 マス ②

月　日　名前

てんびんのさらの上《うえ》にあるAとBの50マス計算《けいさん》をときましょう。
AとBの答《こた》えを出《だ》し、それぞれの合計《ごうけい》の数《かず》が大《おお》きい方《ほう》がわかったら、てんびんの真《ま》ん中《なか》の○の中《なか》に、＞か＜を書《か》きましょう。

| + | 87 | 82 | 88 | 89 | 85 | + |
|---|---|---|---|---|---|---|
| 20 | | | | | | 20 |
| 14 | | | | | | 14 |
| 18 | | | | | | 18 |
| 13 | | | | | | 13 |
| 12 | | | | | | 12 |
| 17 | | | | | | 17 |
| 19 | | | | | | 19 |
| 15 | | | | | | 15 |
| 16 | | | | | | 16 |
| 11 | | | | | | 11 |

| + | 90 | 81 | 86 | 83 | 84 | + |
|---|---|---|---|---|---|---|
| 20 | | | | | | 20 |
| 14 | | | | | | 14 |
| 18 | | | | | | 18 |
| 13 | | | | | | 13 |
| 12 | | | | | | 12 |
| 17 | | | | | | 17 |
| 19 | | | | | | 19 |
| 15 | | | | | | 15 |
| 16 | | | | | | 16 |
| 11 | | | | | | 11 |

# バランス 100 マス ③

月　日　名前

てんびんのさらの上《うえ》にあるAとBの50マス計算《けいさん》をときましょう。
AとBの答《こた》えを出《だ》し、それぞれの合計《ごうけい》の数《かず》が大《おお》きい方《ほう》がわかったら、てんびんの真《ま》ん中《なか》の○の中《なか》に、＞か＜を書《か》きましょう。

| － | 13 | 10 | 14 | 19 | 17 | － |
|---|---|---|---|---|---|---|
| 6 | | | | | | 6 |
| 3 | | | | | | 3 |
| 5 | | | | | | 5 |
| 10 | | | | | | 10 |
| 7 | | | | | | 7 |
| 9 | | | | | | 9 |
| 2 | | | | | | 2 |
| 1 | | | | | | 1 |
| 8 | | | | | | 8 |
| 4 | | | | | | 4 |

| － | 11 | 15 | 16 | 18 | 12 | － |
|---|---|---|---|---|---|---|
| 6 | | | | | | 6 |
| 3 | | | | | | 3 |
| 5 | | | | | | 5 |
| 10 | | | | | | 10 |
| 7 | | | | | | 7 |
| 9 | | | | | | 9 |
| 2 | | | | | | 2 |
| 1 | | | | | | 1 |
| 8 | | | | | | 8 |
| 4 | | | | | | 4 |

# バランス 100 マス ④

月　日　名前

てんびんのさらの上《うえ》にあるAとBの50マス計算《けいさん》をときましょう。
AとBの答《こた》えを出《だ》し、それぞれの合計《ごうけい》の数《かず》が大《おお》きい方《ほう》がわかったら、てんびんの真《ま》ん中《なか》の○の中《なか》に、>か<を書《か》きましょう。

| − | 88 | 84 | 86 | 82 | 81 | − |
|---|---|---|---|---|---|---|
| 20 | | | | | | 20 |
| 14 | | | | | | 14 |
| 17 | | | | | | 17 |
| 12 | | | | | | 12 |
| 16 | | | | | | 16 |
| 19 | | | | | | 19 |
| 11 | | | | | | 11 |
| 13 | | | | | | 13 |
| 18 | | | | | | 18 |
| 15 | | | | | | 15 |

| − | 85 | 89 | 87 | 83 | 90 | − |
|---|---|---|---|---|---|---|
| 13 | | | | | | 13 |
| 18 | | | | | | 18 |
| 15 | | | | | | 15 |
| 20 | | | | | | 20 |
| 12 | | | | | | 12 |
| 19 | | | | | | 19 |
| 16 | | | | | | 16 |
| 21 | | | | | | 21 |
| 17 | | | | | | 17 |
| 14 | | | | | | 14 |

# バランス 100 マス ⑤

| 月 | 日 | 名前 |
| --- | --- | --- |
| | | |

てんびんのさらの上《うえ》にあるAとBの50マス計算《けいさん》をときましょう。
AとBの答《こた》えを出《だ》し、それぞれの合計《ごうけい》の数《かず》が大《おお》きい方《ほう》がわかったら、てんびんの真《ま》ん中《なか》の○の中《なか》に、＞か＜を書《か》きましょう。

| × | 15 | 19 | 17 | 11 | 13 | × |
| --- | --- | --- | --- | --- | --- | --- |
| 9 | | | | | | 9 |
| 6 | | | | | | 6 |
| 5 | | | | | | 5 |
| 1 | | | | | | 1 |
| 4 | | | | | | 4 |
| 3 | | | | | | 3 |
| 8 | | | | | | 8 |
| 10 | | | | | | 10 |
| 2 | | | | | | 2 |
| 7 | | | | | | 7 |

| × | 18 | 14 | 16 | 20 | 12 | × |
| --- | --- | --- | --- | --- | --- | --- |
| 0 | | | | | | 0 |
| 5 | | | | | | 5 |
| 4 | | | | | | 4 |
| 9 | | | | | | 9 |
| 6 | | | | | | 6 |
| 3 | | | | | | 3 |
| 11 | | | | | | 11 |
| 7 | | | | | | 7 |
| 2 | | | | | | 2 |
| 8 | | | | | | 8 |

# パズル 100 マス ①

| 月 | 日 | 名前 |
|---|---|---|
| | | |

つぎの「100 マス計算《けいさん》」をときましょう。
答《こた》えのマスの数《かず》を見《み》て、下《した》のマスパズルがあてはまるところをその形《かたち》でかこいましょう。
(あてはまらない場合《ばあい》もあります)

〔パズルマス〕

| | | |
|---|---|---|
| 84 | | 87 |
| 87 | 93 | 90 |

| | | |
|---|---|---|
| 97 | 93 | 95 |
| 94 | | 92 |

| | |
|---|---|
| 86 | 93 |
| 83 | |
| 91 | 98 |

| | |
|---|---|
| 84 | 91 |
| | 99 |
| 90 | 97 |

| + | 76 | 73 | 80 | 71 | 78 | 74 | 72 | 79 | 75 | 77 | + |
|---|---|---|---|---|---|---|---|---|---|---|---|
| 18 | | | | | | | | | | | 18 |
| 15 | | | | | | | | | | | 15 |
| 12 | | | | | | | | | | | 12 |
| 14 | | | | | | | | | | | 14 |
| 11 | | | | | | | | | | | 11 |
| 19 | | | | | | | | | | | 19 |
| 17 | | | | | | | | | | | 17 |
| 20 | | | | | | | | | | | 20 |
| 13 | | | | | | | | | | | 13 |
| 16 | | | | | | | | | | | 16 |

郵 便 は が き

料金受取人払郵便

大阪北局
承 認
3902

差出有効期間
2022年5月31日まで
※切手を貼らずに
お出しください。

530-8790

154

大阪市北区兎我野町15－13
ミユキビル

フォーラム・A
愛読者係 行

**愛読者カード** ご購入ありがとうございます。

| | | | |
|---|---|---|---|
| フリガナ | | 性別 | 男 ・ 女 |
| お名前 | | 年齢 | 歳 |
| TEL FAX | （ ） | ご職業 | |
| ご住所 | 〒 ー | | |
| E-mail | @ | | |

ご記入いただいた個人情報は、当社の出版の参考にのみ活用させていただきます。
第三者には一切開示いたしません。

□学力がアップする教材満載のカタログ送付を希望します。

●ご購入書籍・プリント名

●本書（プリント含む）を何でお知りになりましたか？（あてはまる数字に○をつけてください。）

1．書店で実物を見て
（書店名　　　　　）

2．ネットで見て

3．広告を見て
（新聞・雑誌名　　　　　）

4．書評・紹介記事を見て
（新聞・雑誌名　　　　　）

5．友人・知人から紹介されて

6．その他（　　　　　）

●本書の内容にはご満足いただけたでしょうか？（あてはまる数字に○をつけてください。）

たいへん満足　5　4　3　2　1　不満

●ご意見・ご感想、本書の内容に関してのご質問、また今後欲しい商品のアイデアがありましたら下欄にご記入ください。
おハガキをいただいた方の中から抽選で10名様に2,000円分の図書カードをプレゼントいたします。当選の発表は、賞品の発送をもってかえさせていただきます。

ご感想を小社HP等で匿名でご紹介させていただく場合もございます。　□可　□不可

小社の出版物はお近くの書店にご注文ください。

ご協力ありがとうございました。

# パズル 100 マス ②

| 月 | 日 | 名前 |
|---|---|---|
| | | |

つぎの「100 マス計算《けいさん》」をときましょう。
答《こた》えのマスの数《かず》を見《み》て、下《した》のマスパズルがあてはまるところをその形《かたち》でかこいましょう。
(あてはまらない場合《ばあい》もあります)

〔パズルマス〕

| | | |
|---|---|---|
| | 69 | |
| 70 | 67 | 63 |

| | | |
|---|---|---|
| 67 | 70 | 64 |
| | 67 | |

| | |
|---|---|
| 74 | |
| 68 | 71 |
| 73 | |

| | |
|---|---|
| | 68 |
| 70 | 65 |
| | 73 |

| − | 85 | 88 | 82 | 89 | 84 | 90 | 87 | 83 | 86 | 81 | − |
|---|---|---|---|---|---|---|---|---|---|---|---|
| 14 | | | | | | | | | | | 14 |
| 18 | | | | | | | | | | | 18 |
| 20 | | | | | | | | | | | 20 |
| 13 | | | | | | | | | | | 13 |
| 16 | | | | | | | | | | | 16 |
| 19 | | | | | | | | | | | 19 |
| 11 | | | | | | | | | | | 11 |
| 17 | | | | | | | | | | | 17 |
| 12 | | | | | | | | | | | 12 |
| 15 | | | | | | | | | | | 15 |

# パズル 100 マス ③

月　　日　　名前

つぎの「100 マス計算《けいさん》」をときましょう。
答《こた》えのマスの数《かず》を見《み》て、下《した》のマスパズルがあてはまるところをその形《かたち》でかこいましょう。
(あてはまらない場合《ばあい》もあります)

〔パズルマス〕

| | | |
|---|---|---|
| 36 | | |
| 108 | 90 | 66 |

| | | |
|---|---|---|
| | | 77 |
| 71 | 60 | 44 |

| | |
|---|---|
| 112 | |
| 64 | |
| 32 | 40 |

| | |
|---|---|
| | 60 |
| | 36 |
| 126 | 108 |

| × | 19 | 14 | 12 | 16 | 20 | 18 | 15 | 11 | 17 | 13 | × |
|---|---|---|---|---|---|---|---|---|---|---|---|
| 10 | | | | | | | | | | | 10 |
| 8 | | | | | | | | | | | 8 |
| 5 | | | | | | | | | | | 5 |
| 3 | | | | | | | | | | | 3 |
| 9 | | | | | | | | | | | 9 |
| 1 | | | | | | | | | | | 1 |
| 7 | | | | | | | | | | | 7 |
| 4 | | | | | | | | | | | 4 |
| 2 | | | | | | | | | | | 2 |
| 6 | | | | | | | | | | | 6 |

# パズル 100 マス ④

| 月 | 日 | 名前 |
|---|---|---|
| | | |

　つぎの「100 マス計算《けいさん》」を
ときましょう。
　答《こた》えのマスの数《かず》を見《み》て、
下《した》のマスパズルがあてはまる
ところをその形《かたち》でかこいましょう。
（あてはまらない場合《ばあい》もあります）

［パズルマス］

| | | |
|---|---|---|
| | 90 | 60 |
| 28 | 36 | |

| | | |
|---|---|---|
| 130 | 170 | |
| | 68 | 80 |

| | |
|---|---|
| 153 | |
| 85 | 100 |
| | 40 |

| | |
|---|---|
| | 77 |
| 57 | 33 |
| 114 | |

| × | 13 | 17 | 20 | 15 | 19 | 11 | 14 | 18 | 12 | 16 | × |
|---|---|---|---|---|---|---|---|---|---|---|---|
| 8 | | | | | | | | | | | 8 |
| 1 | | | | | | | | | | | 1 |
| 7 | | | | | | | | | | | 7 |
| 3 | | | | | | | | | | | 3 |
| 6 | | | | | | | | | | | 6 |
| 9 | | | | | | | | | | | 9 |
| 5 | | | | | | | | | | | 5 |
| 2 | | | | | | | | | | | 2 |
| 10 | | | | | | | | | | | 10 |
| 4 | | | | | | | | | | | 4 |

# スクリーン 100 マス ①

月　　日　　名前

つぎの「100 マス計算《けいさん》」をときましょう。

答《こた》えに書《か》いた数《かず》でとなり合《あ》う数《かず》を3つたしたとき、一番大《いちばんおお》きくなる組《く》み合《あ》わせと、一番小《いちばんちい》さくなる組《く》み合《あ》わせを見《み》つけて、線《せん》でかこいます。

かこい方《かた》は、下《した》のかこい方《かた》にしましょう。

〔かこい方《かた》〕

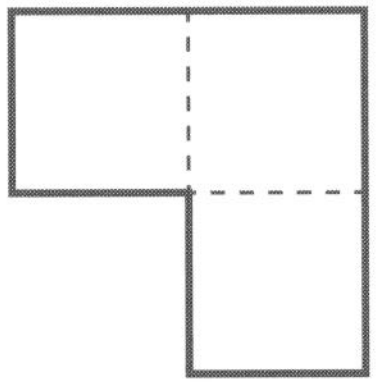

| × | 14 | 17 | 16 | 12 | 20 | 11 | 15 | 19 | 18 | 13 | × |
|---|---|---|---|---|---|---|---|---|---|---|---|
| 9 | | | | | | | | | | | 9 |
| 3 | | | | | | | | | | | 3 |
| 7 | | | | | | | | | | | 7 |
| 1 | | | | | | | | | | | 1 |
| 8 | | | | | | | | | | | 8 |
| 10 | | | | | | | | | | | 10 |
| 2 | | | | | | | | | | | 2 |
| 5 | | | | | | | | | | | 5 |
| 4 | | | | | | | | | | | 4 |
| 6 | | | | | | | | | | | 6 |

# スクリーン100マス②

月　日　名前

つぎの「100マス計算《けいさん》」をときましょう。

答《こた》えに書《か》いた数《かず》でとなり合《あ》う数《かず》を3つたしたとき、一番大《いちばんおお》きくなる組《く》み合《あ》わせと、一番小《いちばんち》さくなる組《く》み合《あ》わせを見《み》つけて、線《せん》でかこいます。

かこい方《かた》は、下《した》のかこい方《かた》にしましょう。

〔かこい方《かた》〕

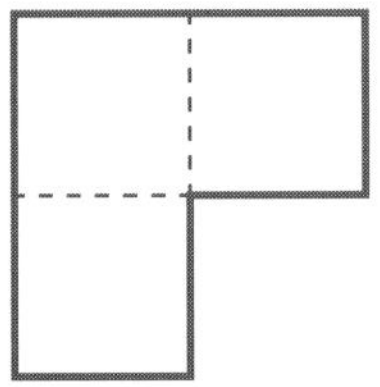

| × | 17 | 12 | 16 | 20 | 13 | 19 | 14 | 15 | 18 | 11 | × |
|---|---|---|---|---|---|---|---|---|---|---|---|
| 8 | | | | | | | | | | | 8 |
| 5 | | | | | | | | | | | 5 |
| 1 | | | | | | | | | | | 1 |
| 7 | | | | | | | | | | | 7 |
| 3 | | | | | | | | | | | 3 |
| 10 | | | | | | | | | | | 10 |
| 2 | | | | | | | | | | | 2 |
| 9 | | | | | | | | | | | 9 |
| 6 | | | | | | | | | | | 6 |
| 4 | | | | | | | | | | | 4 |

# スクリーン 100 マス ③

月　日　名前

つぎの「100 マス計算《けいさん》」をときましょう。

答《こた》えに書《か》いた数《かず》で近《ちか》くの数《かず》を3つたしたとき、一番大《いちばんおお》きくなる組《く》み合《あ》わせと、一番小《いちばんちい》さくなる組《く》み合《あ》わせを見《み》つけて、線《せん》でかこいます。

かこい方《かた》は、下《した》のかこい方《かた》にしましょう。

〔かこい方《かた》〕

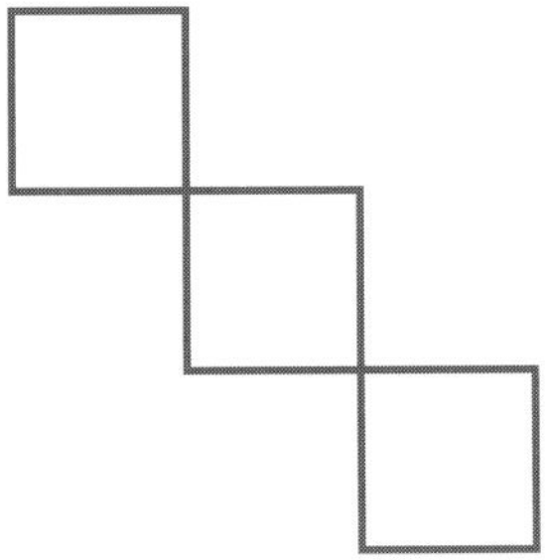

| × | 16 | 13 | 19 | 17 | 15 | 18 | 12 | 11 | 14 | 20 | × |
|---|---|---|---|---|---|---|---|---|---|---|---|
| 8 | | | | | | | | | | | 8 |
| 2 | | | | | | | | | | | 2 |
| 7 | | | | | | | | | | | 7 |
| 1 | | | | | | | | | | | 1 |
| 4 | | | | | | | | | | | 4 |
| 6 | | | | | | | | | | | 6 |
| 3 | | | | | | | | | | | 3 |
| 10 | | | | | | | | | | | 10 |
| 5 | | | | | | | | | | | 5 |
| 9 | | | | | | | | | | | 9 |

# スクリーン 100 マス ④

月　日　名前

　つぎの「100 マス計算《けいさん》」をときましょう。

　答《こた》えに書《か》いた数《かず》で近《ちか》くの数《かず》を3つたしたとき、一番大《いちばんおお》きくなる組《く》み合《あ》わせと、一番小《いちばんちい》さくなる組《く》み合《あ》わせを見《み》つけて、線《せん》でかこいます。

　かこい方《かた》は、下《した》のかこい方《かた》にしましょう。

〔かこい方《かた》〕

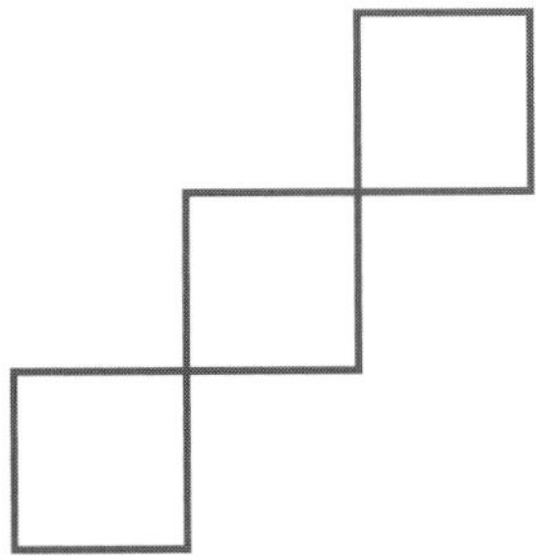

| × | 18 | 16 | 12 | 14 | 19 | 11 | 17 | 15 | 20 | 13 | × |
|---|---|---|---|---|---|---|---|---|---|---|---|
| 2 | | | | | | | | | | | 2 |
| 7 | | | | | | | | | | | 7 |
| 10 | | | | | | | | | | | 10 |
| 5 | | | | | | | | | | | 5 |
| 9 | | | | | | | | | | | 9 |
| 6 | | | | | | | | | | | 6 |
| 1 | | | | | | | | | | | 1 |
| 3 | | | | | | | | | | | 3 |
| 8 | | | | | | | | | | | 8 |
| 4 | | | | | | | | | | | 4 |

# ダブルアップ 100 マス ①

月　日　名前

　つぎの「100 マス計算《けいさん》」は、ルールの通《とお》り、たての列《れつ》のマスの数《かず》と横《よこ》のマスの列《れつ》の数《かず》とを計算《けいさん》して書《か》きます。
　ただし、答《こた》えを書《か》いたマスの下《した》にその答《こた》えを×２した数《かず》も書《か》きましょう。

| + | 34 | 38 | 36 | 39 | 32 | 37 | 31 | 33 | 35 | 40 | + |
|---|---|---|---|---|---|---|---|---|---|---|---|
| 17 | | | | | | | | | | | 17 |
| ×2 | | | | | | | | | | | ×2 |
| 13 | | | | | | | | | | | 13 |
| ×2 | | | | | | | | | | | ×2 |
| 20 | | | | | | | | | | | 20 |
| ×2 | | | | | | | | | | | ×2 |
| 15 | | | | | | | | | | | 15 |
| ×2 | | | | | | | | | | | ×2 |
| 12 | | | | | | | | | | | 12 |
| ×2 | | | | | | | | | | | ×2 |

# ダブルアップ 100 マス ②

月　日　名前

つぎの「100 マス計算《けいさん》」は、ルールの通《とお》り、たての列《れつ》のマスの数《かず》と横《よこ》のマスの列《れつ》の数《かず》とを計算《けいさん》して書《か》きます。

ただし、答《こた》えを書《か》いたマスの下《した》にその答《こた》えを×２した数《かず》も書《か》きましょう。

| ＋ | 53 | 58 | 54 | 60 | 59 | 55 | 51 | 56 | 52 | 57 | ＋ |
|---|---|---|---|---|---|---|---|---|---|---|---|
| 19 | | | | | | | | | | | 19 |
| ×2 | | | | | | | | | | | ×2 |
| 20 | | | | | | | | | | | 20 |
| ×2 | | | | | | | | | | | ×2 |
| 13 | | | | | | | | | | | 13 |
| ×2 | | | | | | | | | | | ×2 |
| 16 | | | | | | | | | | | 16 |
| ×2 | | | | | | | | | | | ×2 |
| 14 | | | | | | | | | | | 14 |
| ×2 | | | | | | | | | | | ×2 |

# ダブルアップ 100 マス ③

月　日　名前

つぎの「100 マス計算《けいさん》」は、ルールの通《とお》り、たての列《れつ》のマスの数《かず》と横《よこ》のマスの列《れつ》の数《かず》とを計算《けいさん》して書《か》きます。

ただし、答《こた》えを書《か》いたマスの下《した》にその答《こた》えを×２した数《かず》も書《か》きましょう。

| − | 62 | 67 | 64 | 61 | 63 | 69 | 66 | 70 | 65 | 68 | − |
|---|---|---|---|---|---|---|---|---|---|---|---|
| 14 | | | | | | | | | | | 14 |
| ×2 | | | | | | | | | | | ×2 |
| 17 | | | | | | | | | | | 17 |
| ×2 | | | | | | | | | | | ×2 |
| 11 | | | | | | | | | | | 11 |
| ×2 | | | | | | | | | | | ×2 |
| 20 | | | | | | | | | | | 20 |
| ×2 | | | | | | | | | | | ×2 |
| 15 | | | | | | | | | | | 15 |
| ×2 | | | | | | | | | | | ×2 |

# ダブルアップ 100 マス ④

月　日　名前

つぎの「100 マス計算《けいさん》」は、ルールの通《とお》り、たての列《れつ》のマスの数《かず》と横《よこ》のマスの列《れつ》の数《かず》とを計算《けいさん》して書《か》きます。

ただし、答《こた》えを書《か》いたマスの下《した》にその答《こた》えを×２した数《かず》も書《か》きましょう。

| − | 89 | 84 | 81 | 85 | 88 | 90 | 82 | 87 | 83 | 86 | − |
|---|---|---|---|---|---|---|---|---|---|---|---|
| 12 | | | | | | | | | | | 12 |
| ×2 | | | | | | | | | | | ×2 |
| 18 | | | | | | | | | | | 18 |
| ×2 | | | | | | | | | | | ×2 |
| 13 | | | | | | | | | | | 13 |
| ×2 | | | | | | | | | | | ×2 |
| 19 | | | | | | | | | | | 19 |
| ×2 | | | | | | | | | | | ×2 |
| 16 | | | | | | | | | | | 16 |
| ×2 | | | | | | | | | | | ×2 |

# リサーチ 100 マス ①

月　日　名前

つぎの「100 マス計算《けいさん》」は、横《よこ》の列《れつ》の数《かず》がぬけています。

みんなの話《はなし》を聞《き》いて 1 ～ 10 のあてはまる数字《すうじ》を書《か》きましょう。

数字《すうじ》が書《か》けたら 100 マス計算《けいさん》をしましょう。

「7 × 7 の答《こた》えの数《かず》を真《ま》ん中《なか》の 2 つのマスに位《くらい》で分《わ》けて数字《すうじ》を入《い》れるよ」

「右《みぎ》から 2 マスめが 3 で、その 2 倍《ばい》の数《かず》がとなりに入《はい》るよ」

「5 と 10 が一番《いちばん》はしの数《かず》だよ」

「左《ひだり》から 2 マスめが 1 で、そこから 5 マスめが 8 だよ」

「1 のとなりは、2 と 5 だよ」

| × | | | | | | | | | | | × |
|---|---|---|---|---|---|---|---|---|---|---|---|
| 8 | | | | | | | | | | | 8 |
| 1 | | | | | | | | | | | 1 |
| 5 | | | | | | | | | | | 5 |
| 2 | | | | | | | | | | | 2 |
| 9 | | | | | | | | | | | 9 |
| 3 | | | | | | | | | | | 3 |
| 10 | | | | | | | | | | | 10 |
| 7 | | | | | | | | | | | 7 |
| 4 | | | | | | | | | | | 4 |
| 6 | | | | | | | | | | | 6 |

# リサーチ 100 マス ②

月　日　名前

つぎの「100 マス計算《けいさん》」は、横《よこ》の列《れつ》の数《かず》がぬけています。

みんなの話《はなし》を聞《き》いて 41 ～ 50 のあてはまる数字《すうじ》を書《か》きましょう。

数字《すうじ》が書《か》けたら 100 マス計算《けいさん》をしましょう。

「右《みぎ》から 2 マスめが 50 で、そこから 3 マスめが 44 だよ」

「左《ひだり》から 8 マスめが 47 だよ」

「両《りょう》はしの数《かず》は、一《いち》の位《くらい》と十《じゅう》の位《くらい》の数字《すうじ》どうしが 2 倍《ばい》の関係《かんけい》になる数字《すうじ》だよ」

「43 のとなりは、48 と 41」

「41 のとなりは、41 に 4 をたした数《かず》で、また 4 をたすとさらにとなりの数《かず》になるよ」

| ＋ | | | | | | | | | | | ＋ |
|---|---|---|---|---|---|---|---|---|---|---|---|
| 17 | | | | | | | | | | | 17 |
| 15 | | | | | | | | | | | 15 |
| 11 | | | | | | | | | | | 11 |
| 20 | | | | | | | | | | | 20 |
| 13 | | | | | | | | | | | 13 |
| 16 | | | | | | | | | | | 16 |
| 18 | | | | | | | | | | | 18 |
| 12 | | | | | | | | | | | 12 |
| 19 | | | | | | | | | | | 19 |
| 14 | | | | | | | | | | | 14 |

# リサーチ 100 マス ③

月　日　名前

つぎの「100 マス計算《けいさん》」は、横《よこ》の列《れつ》の数《かず》がぬけています。

みんなの話《はなし》を聞《き》いて 61 ～ 70 のあてはまる数字《すうじ》を書《か》きましょう。

数字《すうじ》が書《か》けたら 100 マス計算《けいさん》をしましょう。

「一《いち》の位《くらい》が 1 と 4 と 7 の数《かず》は、左《ひだり》から数《かぞ》えた同数《どうすう》のマスに入《はい》るよ」

「真《ま》ん中《なか》の 2 マスは 68 と 63」

「67 のとなりは 63 と 62」

「右《みぎ》はしは一番大《いちばんおお》きい数《かず》だよ」

「左《ひだり》から 3 マスめは 23 × 3、左《ひだり》から 9 マスめは 22 × 3 の答《こた》えの数《かず》だよ」

| − | | | | | | | | | | | − |
|---|---|---|---|---|---|---|---|---|---|---|---|
| 14 | | | | | | | | | | | 14 |
| 20 | | | | | | | | | | | 20 |
| 13 | | | | | | | | | | | 13 |
| 16 | | | | | | | | | | | 16 |
| 19 | | | | | | | | | | | 19 |
| 12 | | | | | | | | | | | 12 |
| 15 | | | | | | | | | | | 15 |
| 17 | | | | | | | | | | | 17 |
| 11 | | | | | | | | | | | 11 |
| 18 | | | | | | | | | | | 18 |

# リサーチ 100 マス ④

月　　日　　名前

つぎの「100 マス計算《けいさん》」は、横《よこ》の列《れつ》の数《かず》がぬけています。

みんなの話《はなし》を聞《き》いて 11 ～ 20 のあてはまる数字《すうじ》を書《か》きましょう。

数字《すうじ》が書《か》けたら 100 マス計算《けいさん》をしましょう。

「18 と 13 が一番《いちばん》はしだよ」

「真《ま》ん中《なか》の 2 マスは、5 でわりきれる数《かず》だよ」

「右《みぎ》から 3 マスめは 17、さらに 4 マス進《すす》むと 19 だよ」

「16 のとなりは、13 と 12」

「14 のとなりは、20 と 17」

| × | | | | | | | | | | | × |
|---|---|---|---|---|---|---|---|---|---|---|---|
| 9 | | | | | | | | | | | 9 |
| 4 | | | | | | | | | | | 4 |
| 8 | | | | | | | | | | | 8 |
| 1 | | | | | | | | | | | 1 |
| 3 | | | | | | | | | | | 3 |
| 7 | | | | | | | | | | | 7 |
| 5 | | | | | | | | | | | 5 |
| 2 | | | | | | | | | | | 2 |
| 6 | | | | | | | | | | | 6 |
| 10 | | | | | | | | | | | 10 |

# フラクション 50 マス ①

月　　日　　名前

　この「100 マス計算《けいさん》」は、特別《とくべつ》にわり算《ざん》になっています。このわり算《ざん》を分数《ぶんすう》の形《かたち》になおして答《こた》えましょう。

　ただし、約分《やくぶん》ができる場合《ばあい》は、それをした後《あと》の分数《ぶんすう》や整数《せいすう》の形《かたち》で答《こた》えます。

（帯分数《たいぶんすう》にはしません）

〔例《れい》〕

$5 \div 2 = \frac{5}{2}$

$4 \div 2 = \frac{\cancel{4}^{2}}{\cancel{2}_{1}} = \frac{2}{1} = 2$

| ÷ | 5 | 4 | 9 | 3 | 7 | 1 | 10 | 8 | 2 | 6 | ÷ |
|---|---|---|---|---|---|---|---|---|---|---|---|
| 2 | — | — | — | — | — | — | — | — | — | — | 2 |
| 3 | — | — | — | — | — | — | — | — | — | — | 3 |
| 5 | — | — | — | — | — | — | — | — | — | — | 5 |
| 1 | — | — | — | — | — | — | — | — | — | — | 1 |
| 4 | — | — | — | — | — | — | — | — | — | — | 4 |

# フラクション 50 マス ②

月　日　名前

　この「100 マス計算《けいさん》」は、特別《とくべつ》にわり算《ざん》になっています。このわり算《ざん》を分数《ぶんすう》の形《かたち》になおして答《こた》えましょう。

　ただし、約分《やくぶん》ができる場合《ばあい》は、それをした後《あと》の分数《ぶんすう》や整数《せいすう》の形《かたち》で答《こた》えます。

（帯分数《たいぶんすう》にはしません）

| ÷ | 10 | 8 | 4 | 6 | 2 | 7 | 3 | 1 | 9 | 5 | ÷ |
|---|---|---|---|---|---|---|---|---|---|---|---|
| 4 | — | — | — | — | — | — | — | — | — | — | 4 |
| 2 | — | — | — | — | — | — | — | — | — | — | 2 |
| 7 | — | — | — | — | — | — | — | — | — | — | 7 |
| 3 | — | — | — | — | — | — | — | — | — | — | 3 |
| 5 | — | — | — | — | — | — | — | — | — | — | 5 |

# フラクション 50 マス ③

月　日　名前

　この「100 マス計算《けいさん》」は、
特別《とくべつ》にわり算《ざん》になっています。
このわり算《ざん》を分数《ぶんすう》の形《かたち》になおして答《こた》えましょう。
　ただし、約分《やくぶん》ができる場合《ばあい》は、それをした後《あと》の分数《ぶんすう》や整数《せいすう》の形《かたち》で答《こた》えます。
(帯分数《たいぶんすう》にはしません)

| ÷ | 12 | 19 | 16 | 11 | 15 | 18 | 13 | 17 | 14 | 20 | ÷ |
|---|---|---|---|---|---|---|---|---|---|---|---|
| 3 | — | — | — | — | — | — | — | — | — | — | 3 |
| 5 | — | — | — | — | — | — | — | — | — | — | 5 |
| 8 | — | — | — | — | — | — | — | — | — | — | 8 |
| 2 | — | — | — | — | — | — | — | — | — | — | 2 |
| 6 | — | — | — | — | — | — | — | — | — | — | 6 |

# フラクション 50 マス ④

月　　日　　名前

　この「100 マス計算《けいさん》」は、特別《とくべつ》にわり算《ざん》になっています。このわり算《ざん》を分数《ぶんすう》の形《かたち》になおして答《こた》えましょう。

　ただし、約分《やくぶん》ができる場合《ばあい》は、それをした後《あと》の分数《ぶんすう》や整数《せいすう》の形《かたち》で答《こた》えます。

（帯分数《たいぶんすう》にはしません）

| ÷ | 28 | 22 | 26 | 29 | 24 | 30 | 27 | 21 | 23 | 25 | ÷ |
|---|---|---|---|---|---|---|---|---|---|---|---|
| 5 | — | — | — | — | — | — | — | — | — | — | 5 |
| 9 | — | — | — | — | — | — | — | — | — | — | 9 |
| 4 | — | — | — | — | — | — | — | — | — | — | 4 |
| 7 | — | — | — | — | — | — | — | — | — | — | 7 |
| 2 | — | — | — | — | — | — | — | — | — | — | 2 |

## 100 マス計算 ①

| + | 23 | 27 | 21 | 30 | 24 | 26 | 29 | 22 | 25 | 28 | + |
|---|---|---|---|---|---|---|---|---|---|---|---|
| 5 | 28 | 32 | 26 | 35 | 29 | 31 | 34 | 27 | 30 | 33 | 5 |
| 2 | 25 | 29 | 23 | 32 | 26 | 28 | 31 | 24 | 27 | 30 | 2 |
| 8 | 31 | 35 | 29 | 38 | 32 | 34 | 37 | 30 | 33 | 36 | 8 |
| 6 | 29 | 33 | 27 | 36 | 30 | 32 | 35 | 28 | 31 | 34 | 6 |
| 1 | 24 | 28 | 22 | 31 | 25 | 27 | 30 | 23 | 26 | 29 | 1 |
| 3 | 26 | 30 | 24 | 33 | 27 | 29 | 32 | 25 | 28 | 31 | 3 |
| 9 | 32 | 36 | 30 | 39 | 33 | 35 | 38 | 31 | 34 | 37 | 9 |
| 4 | 27 | 31 | 25 | 34 | 28 | 30 | 33 | 26 | 29 | 32 | 4 |
| 7 | 30 | 34 | 28 | 37 | 31 | 33 | 36 | 29 | 32 | 35 | 7 |
| 10 | 33 | 37 | 31 | 40 | 34 | 36 | 39 | 32 | 35 | 38 | 10 |

## 100 マス計算 ②

| + | 40 | 33 | 38 | 32 | 35 | 31 | 39 | 36 | 34 | 37 | + |
|---|---|---|---|---|---|---|---|---|---|---|---|
| 20 | 60 | 53 | 58 | 52 | 55 | 51 | 59 | 56 | 54 | 57 | 20 |
| 13 | 53 | 46 | 51 | 45 | 48 | 44 | 52 | 49 | 47 | 50 | 13 |
| 15 | 55 | 48 | 53 | 47 | 50 | 46 | 54 | 51 | 49 | 52 | 15 |
| 17 | 57 | 50 | 55 | 49 | 52 | 48 | 56 | 53 | 51 | 54 | 17 |
| 14 | 54 | 47 | 52 | 46 | 49 | 45 | 53 | 50 | 48 | 51 | 14 |
| 18 | 58 | 51 | 56 | 50 | 53 | 49 | 57 | 54 | 52 | 55 | 18 |
| 16 | 56 | 49 | 54 | 48 | 51 | 47 | 55 | 52 | 50 | 53 | 16 |
| 12 | 52 | 45 | 50 | 44 | 47 | 43 | 51 | 48 | 46 | 49 | 12 |
| 19 | 59 | 52 | 57 | 51 | 54 | 50 | 58 | 55 | 53 | 56 | 19 |
| 11 | 51 | 44 | 49 | 43 | 46 | 42 | 50 | 47 | 45 | 48 | 11 |

## 100 マス計算 ③

| − | 24 | 29 | 23 | 25 | 27 | 30 | 21 | 22 | 28 | 26 | − |
|---|---|---|---|---|---|---|---|---|---|---|---|
| 7 | 17 | 22 | 16 | 18 | 20 | 23 | 14 | 15 | 21 | 19 | 7 |
| 2 | 22 | 27 | 21 | 23 | 25 | 28 | 19 | 20 | 26 | 24 | 2 |
| 10 | 14 | 19 | 13 | 15 | 17 | 20 | 11 | 12 | 18 | 16 | 10 |
| 6 | 18 | 23 | 17 | 19 | 21 | 24 | 15 | 16 | 22 | 20 | 6 |
| 3 | 21 | 26 | 20 | 22 | 24 | 27 | 18 | 19 | 25 | 23 | 3 |
| 5 | 19 | 24 | 18 | 20 | 22 | 25 | 16 | 17 | 23 | 21 | 5 |
| 9 | 15 | 20 | 14 | 16 | 18 | 21 | 12 | 13 | 19 | 17 | 9 |
| 4 | 20 | 25 | 19 | 21 | 23 | 26 | 17 | 18 | 24 | 22 | 4 |
| 8 | 16 | 21 | 15 | 17 | 19 | 22 | 13 | 14 | 20 | 18 | 8 |
| 1 | 23 | 28 | 22 | 24 | 26 | 29 | 20 | 21 | 27 | 25 | 1 |

## 100 マス計算 ④

| − | 34 | 40 | 39 | 33 | 37 | 35 | 31 | 36 | 38 | 32 | − |
|---|---|---|---|---|---|---|---|---|---|---|---|
| 15 | 19 | 25 | 24 | 18 | 22 | 20 | 16 | 21 | 23 | 17 | 15 |
| 18 | 16 | 22 | 21 | 15 | 19 | 17 | 13 | 18 | 20 | 14 | 18 |
| 11 | 23 | 29 | 28 | 22 | 26 | 24 | 20 | 25 | 27 | 21 | 11 |
| 14 | 20 | 26 | 25 | 19 | 23 | 21 | 17 | 22 | 24 | 18 | 14 |
| 16 | 18 | 24 | 23 | 17 | 21 | 19 | 15 | 20 | 22 | 16 | 16 |
| 12 | 22 | 28 | 27 | 21 | 25 | 23 | 19 | 24 | 26 | 20 | 12 |
| 19 | 15 | 21 | 20 | 14 | 18 | 16 | 12 | 17 | 19 | 13 | 19 |
| 13 | 21 | 27 | 26 | 20 | 24 | 22 | 18 | 23 | 25 | 19 | 13 |
| 20 | 14 | 20 | 19 | 13 | 17 | 15 | 11 | 16 | 18 | 12 | 20 |
| 17 | 17 | 23 | 22 | 16 | 20 | 18 | 14 | 19 | 21 | 15 | 17 |

## 100 マス計算 ⑤

| × | 19 | 20 | 14 | 16 | 13 | 11 | 17 | 15 | 12 | 18 | × |
|---|---|---|---|---|---|---|---|---|---|---|---|
| 5 | 95 | 100 | 70 | 80 | 65 | 55 | 85 | 75 | 60 | 90 | 5 |
| 1 | 19 | 20 | 14 | 16 | 13 | 11 | 17 | 15 | 12 | 18 | 1 |
| 6 | 114 | 120 | 84 | 96 | 78 | 66 | 102 | 90 | 72 | 108 | 6 |
| 3 | 57 | 60 | 42 | 48 | 39 | 33 | 51 | 45 | 36 | 54 | 3 |
| 7 | 133 | 140 | 98 | 112 | 91 | 77 | 119 | 105 | 84 | 126 | 7 |
| 2 | 38 | 40 | 28 | 32 | 26 | 22 | 34 | 30 | 24 | 36 | 2 |
| 4 | 76 | 80 | 56 | 64 | 52 | 44 | 68 | 60 | 48 | 72 | 4 |
| 9 | 171 | 180 | 126 | 144 | 117 | 99 | 153 | 135 | 108 | 162 | 9 |
| 8 | 152 | 160 | 112 | 128 | 104 | 88 | 136 | 120 | 96 | 144 | 8 |
| 10 | 190 | 200 | 140 | 160 | 130 | 110 | 170 | 150 | 120 | 180 | 10 |

## ダウト 100 マス ②

| + | 53 | 57 | 52 | 58 | 55 | 60 | 51 | 56 | 59 | 54 | + | | |
|---|---|---|---|---|---|---|---|---|---|---|---|---|---|
| 15 | 68 | 72 | 66 | 73 | 70 | 74 | 66 | 71 | 74 | 69 | 15 | 66→67 | 74→75 |
| 14 | 67 | 71 | 66 | 72 | 69 | 74 | 65 | 70 | 73 | 68 | 14 | | |
| 11 | 64 | 68 | 63 | 69 | 66 | 71 | 62 | 67 | 70 | 65 | 11 | | |
| 19 | 72 | 75 | 71 | 77 | 74 | 79 | 70 | 75 | 78 | 72 | 19 | 75→76 | 72→73 |
| 18 | 71 | 75 | 70 | 76 | 73 | 78 | 69 | 73 | 77 | 72 | 18 | 73→74 | |
| 20 | 73 | 77 | 72 | 78 | 75 | 79 | 71 | 76 | 79 | 74 | 20 | 79→80 | |
| 16 | 69 | 73 | 68 | 74 | 70 | 76 | 67 | 72 | 75 | 70 | 16 | 70→71 | |
| 13 | 66 | 70 | 64 | 71 | 68 | 73 | 64 | 69 | 72 | 67 | 13 | 64→65 | |
| 17 | 70 | 74 | 69 | 75 | 72 | 77 | 68 | 73 | 76 | 70 | 17 | 70→71 | |
| 12 | 65 | 69 | 64 | 70 | 67 | 72 | 63 | 68 | 70 | 66 | 12 | 70→71 | |

## ダウト 100 マス ①

| + | 46 | 42 | 49 | 50 | 43 | 48 | 41 | 45 | 47 | 44 | + | | |
|---|---|---|---|---|---|---|---|---|---|---|---|---|---|
| 16 | 62 | 58 | 65 | 66 | 59 | 64 | 57 | 61 | 63 | 60 | 16 | | |
| 20 | 66 | 62 | 69 | 71 | 63 | 68 | 61 | 65 | 67 | 64 | 20 | 71→70 | |
| 17 | 64 | 59 | 66 | 67 | 60 | 65 | 58 | 62 | 65 | 61 | 17 | 64→63 | 65→64 |
| 11 | 57 | 53 | 61 | 61 | 54 | 59 | 52 | 56 | 58 | 55 | 11 | 61→60 | |
| 12 | 58 | 54 | 61 | 62 | 55 | 60 | 53 | 58 | 59 | 56 | 12 | 58→57 | |
| 19 | 65 | 61 | 68 | 70 | 62 | 67 | 60 | 64 | 66 | 63 | 19 | 70→69 | |
| 14 | 60 | 56 | 63 | 64 | 57 | 62 | 55 | 59 | 61 | 57 | 14 | 57→58 | |
| 15 | 61 | 58 | 64 | 65 | 58 | 63 | 56 | 60 | 62 | 59 | 15 | 58→57 | |
| 13 | 59 | 55 | 62 | 63 | 57 | 61 | 54 | 58 | 60 | 57 | 13 | 57→56 | |
| 18 | 65 | 60 | 67 | 68 | 61 | 66 | 59 | 63 | 65 | 62 | 18 | 65→64 | |

## ダウト 100 マス ③

| − | 43 | 49 | 50 | 47 | 44 | 46 | 42 | 45 | 48 | 41 | − | | |
|---|---|---|---|---|---|---|---|---|---|---|---|---|---|
| 15 | 28 | 34 | 36 | 32 | 29 | 31 | 27 | 30 | 33 | 26 | 15 | 36→35 | |
| 18 | 25 | 31 | 32 | 30 | 26 | 28 | 24 | 27 | 30 | 23 | 18 | 30→29 | |
| 11 | 32 | 38 | 39 | 36 | 33 | 35 | 31 | 34 | 37 | 30 | 11 | | |
| 14 | 29 | 35 | 36 | 33 | 30 | 32 | 28 | 31 | 35 | 27 | 14 | 35→34 | |
| 16 | 28 | 33 | 34 | 31 | 29 | 30 | 26 | 29 | 32 | 25 | 16 | 28→27 | 29→28 |
| 12 | 31 | 37 | 38 | 35 | 32 | 35 | 30 | 33 | 36 | 29 | 12 | 35→34 | |
| 19 | 24 | 31 | 31 | 28 | 25 | 27 | 23 | 26 | 29 | 22 | 19 | 31→30 | |
| 13 | 30 | 36 | 37 | 34 | 31 | 33 | 30 | 32 | 35 | 29 | 13 | 30→29 | 29→28 |
| 20 | 23 | 29 | 30 | 27 | 24 | 26 | 22 | 25 | 28 | 21 | 20 | | |
| 17 | 26 | 32 | 33 | 30 | 27 | 29 | 25 | 29 | 31 | 24 | 17 | 29→28 | |

## ダウト 100 マス ④

| － | 55 | 58 | 54 | 51 | 60 | 57 | 53 | 58 | 52 | 56 | － | | |
|---|---|---|---|---|---|---|---|---|---|---|---|---|---|
| 20 | 35 | 38 | 34 | 31 | 40 | 37 | 33 | 38 | 32 | 36 | 20 | | |
| 15 | 40 | 43 | 39 | 36 | 45 | 42 | 37 | 43 | 37 | 41 | 15 | 37→38 | |
| 12 | 43 | 46 | 42 | 39 | 48 | 45 | 41 | 46 | 40 | 44 | 12 | | |
| 18 | 36 | 40 | 36 | 33 | 42 | 38 | 35 | 40 | 34 | 38 | 18 | 36→37 | 38→39 |
| 14 | 41 | 44 | 40 | 37 | 46 | 43 | 39 | 43 | 38 | 42 | 14 | 43→44 | |
| 19 | 36 | 39 | 35 | 31 | 41 | 38 | 34 | 39 | 33 | 36 | 19 | 31→32 | 36→37 |
| 17 | 38 | 41 | 36 | 34 | 43 | 40 | 36 | 41 | 35 | 39 | 17 | 36→37 | |
| 11 | 44 | 47 | 43 | 40 | 48 | 46 | 42 | 47 | 41 | 45 | 11 | 48→49 | |
| 13 | 42 | 44 | 41 | 38 | 47 | 44 | 40 | 45 | 39 | 43 | 13 | 44→45 | |
| 16 | 39 | 42 | 38 | 35 | 44 | 41 | 37 | 42 | 35 | 40 | 16 | 35→36 | |

## ダウト 100 マス ⑤

| × | 14 | 11 | 15 | 17 | 19 | 20 | 18 | 13 | 16 | 12 | × | | |
|---|---|---|---|---|---|---|---|---|---|---|---|---|---|
| 6 | 84 | 66 | 90 | 102 | 114 | 120 | 108 | 77 | 96 | 72 | 6 | 77→78 | |
| 2 | 27 | 22 | 30 | 34 | 37 | 40 | 36 | 26 | 32 | 24 | 2 | 27→28 | 37→38 |
| 10 | 140 | 110 | 150 | 170 | 190 | 200 | 180 | 130 | 160 | 120 | 10 | | |
| 5 | 70 | 55 | 74 | 85 | 95 | 100 | 90 | 65 | 80 | 60 | 5 | 74→75 | |
| 9 | 126 | 99 | 135 | 153 | 171 | 180 | 161 | 117 | 144 | 108 | 9 | 161→162 | |
| 7 | 98 | 77 | 105 | 119 | 132 | 140 | 126 | 91 | 112 | 84 | 7 | 132→133 | |
| 1 | 14 | 11 | 15 | 17 | 19 | 20 | 18 | 13 | 16 | 12 | 1 | | |
| 3 | 42 | 33 | 45 | 50 | 57 | 60 | 54 | 39 | 48 | 36 | 3 | 50→51 | |
| 8 | 112 | 88 | 120 | 136 | 152 | 160 | 144 | 104 | 127 | 96 | 8 | 127→128 | |
| 4 | 56 | 43 | 60 | 68 | 76 | 80 | 72 | 52 | 64 | 47 | 4 | 43→44 | 47→48 |

## ブランク 100 マス ①

| ＋ | 68 | 65 | 61 | 66 | 70 | 63 | 67 | 69 | 64 | 62 | ＋ |
|---|---|---|---|---|---|---|---|---|---|---|---|
| 13 | 81 | 78 | 74 | 79 | 83 | 76 | 80 | 82 | 77 | 75 | 13 |
| 19 | 87 | 84 | 80 | 85 | 89 | 82 | 86 | 88 | 83 | 81 | 19 |
| 11 | 79 | 76 | 72 | 77 | 81 | 74 | 78 | 80 | 75 | 73 | 11 |
| 17 | 85 | 82 | 78 | 83 | 87 | 80 | 84 | 86 | 81 | 79 | 17 |
| 14 | 82 | 79 | 75 | 80 | 84 | 77 | 81 | 83 | 78 | 76 | 14 |
| 20 | 88 | 85 | 81 | 86 | 90 | 83 | 87 | 89 | 84 | 82 | 20 |
| 18 | 86 | 83 | 79 | 84 | 88 | 81 | 85 | 87 | 82 | 80 | 18 |
| 15 | 83 | 80 | 76 | 81 | 85 | 78 | 82 | 84 | 79 | 77 | 15 |
| 12 | 80 | 77 | 73 | 78 | 82 | 75 | 79 | 81 | 76 | 74 | 12 |
| 16 | 84 | 81 | 77 | 82 | 86 | 79 | 83 | 85 | 80 | 78 | 16 |

## ブランク 100 マス ②

| ＋ | 71 | 79 | 76 | 73 | 80 | 77 | 75 | 72 | 78 | 74 | ＋ |
|---|---|---|---|---|---|---|---|---|---|---|---|
| 19 | 90 | 98 | 95 | 92 | 99 | 96 | 94 | 91 | 97 | 93 | 19 |
| 15 | 86 | 94 | 91 | 88 | 95 | 92 | 90 | 87 | 93 | 89 | 15 |
| 12 | 83 | 91 | 88 | 85 | 92 | 89 | 87 | 84 | 90 | 86 | 12 |
| 18 | 89 | 97 | 94 | 91 | 98 | 95 | 93 | 90 | 96 | 92 | 18 |
| 14 | 85 | 93 | 90 | 87 | 94 | 91 | 89 | 86 | 92 | 88 | 14 |
| 17 | 88 | 96 | 93 | 90 | 97 | 94 | 92 | 89 | 95 | 91 | 17 |
| 20 | 91 | 99 | 96 | 93 | 100 | 97 | 95 | 92 | 98 | 94 | 20 |
| 11 | 82 | 90 | 87 | 84 | 91 | 88 | 86 | 83 | 89 | 85 | 11 |
| 13 | 84 | 92 | 89 | 86 | 93 | 90 | 88 | 85 | 91 | 87 | 13 |
| 16 | 87 | 95 | 92 | 89 | 96 | 93 | 91 | 88 | 94 | 90 | 16 |

## ブランク 100 マス ③

| − | 70 | 62 | 67 | 69 | 65 | 61 | 66 | 63 | 68 | 64 | − |
|---|---|---|---|---|---|---|---|---|---|---|---|
| 11 | 59 | 51 | 56 | 58 | 54 | 50 | 55 | 52 | 57 | 53 | 11 |
| 15 | 55 | 47 | 52 | 54 | 50 | 46 | 51 | 48 | 53 | 49 | 15 |
| 19 | 51 | 43 | 48 | 50 | 46 | 42 | 47 | 44 | 49 | 45 | 19 |
| 14 | 56 | 48 | 53 | 55 | 51 | 47 | 52 | 49 | 54 | 50 | 14 |
| 20 | 50 | 42 | 47 | 49 | 45 | 41 | 46 | 43 | 48 | 44 | 20 |
| 13 | 57 | 49 | 54 | 56 | 52 | 48 | 53 | 50 | 55 | 51 | 13 |
| 16 | 54 | 46 | 51 | 53 | 49 | 45 | 50 | 47 | 52 | 48 | 16 |
| 18 | 52 | 44 | 49 | 51 | 47 | 43 | 48 | 45 | 50 | 46 | 18 |
| 12 | 58 | 50 | 55 | 57 | 53 | 49 | 54 | 51 | 56 | 52 | 12 |
| 17 | 53 | 45 | 50 | 52 | 48 | 44 | 49 | 46 | 51 | 47 | 17 |

## ブランク 100 マス ⑤

| × | 11 | 14 | 16 | 18 | 12 | 20 | 17 | 13 | 15 | 19 | × |
|---|---|---|---|---|---|---|---|---|---|---|---|
| 7 | 77 | 98 | 112 | 126 | 84 | 140 | 119 | 91 | 105 | 133 | 7 |
| 10 | 110 | 140 | 160 | 180 | 120 | 200 | 170 | 130 | 150 | 190 | 10 |
| 3 | 33 | 42 | 48 | 54 | 36 | 60 | 51 | 39 | 45 | 57 | 3 |
| 8 | 88 | 112 | 128 | 144 | 96 | 160 | 136 | 104 | 120 | 152 | 8 |
| 4 | 44 | 56 | 64 | 72 | 48 | 80 | 68 | 52 | 60 | 76 | 4 |
| 1 | 11 | 14 | 16 | 18 | 12 | 20 | 17 | 13 | 15 | 19 | 1 |
| 6 | 66 | 84 | 96 | 108 | 72 | 120 | 102 | 78 | 90 | 114 | 6 |
| 2 | 22 | 28 | 32 | 36 | 24 | 40 | 34 | 26 | 30 | 38 | 2 |
| 9 | 99 | 126 | 144 | 162 | 108 | 180 | 153 | 117 | 135 | 171 | 9 |
| 5 | 55 | 70 | 80 | 90 | 60 | 100 | 85 | 65 | 75 | 95 | 5 |

## ブランク 100 マス ④

| − | 73 | 76 | 79 | 71 | 78 | 77 | 72 | 74 | 80 | 75 | − |
|---|---|---|---|---|---|---|---|---|---|---|---|
| 17 | 56 | 59 | 62 | 54 | 61 | 60 | 55 | 57 | 63 | 58 | 17 |
| 12 | 61 | 64 | 67 | 59 | 66 | 65 | 60 | 62 | 68 | 63 | 12 |
| 20 | 53 | 56 | 59 | 51 | 58 | 57 | 52 | 54 | 60 | 55 | 20 |
| 15 | 58 | 61 | 64 | 56 | 63 | 62 | 57 | 59 | 65 | 60 | 15 |
| 19 | 54 | 57 | 60 | 52 | 59 | 58 | 53 | 55 | 61 | 56 | 19 |
| 14 | 59 | 62 | 65 | 57 | 64 | 63 | 58 | 60 | 66 | 61 | 14 |
| 16 | 57 | 60 | 63 | 55 | 62 | 61 | 56 | 58 | 64 | 59 | 16 |
| 18 | 55 | 58 | 61 | 53 | 60 | 59 | 54 | 56 | 62 | 57 | 18 |
| 11 | 62 | 65 | 68 | 60 | 67 | 66 | 61 | 63 | 69 | 64 | 11 |
| 13 | 60 | 63 | 66 | 58 | 65 | 64 | 59 | 61 | 67 | 62 | 13 |

## バランス 100 マス ①

| + | 2 | 7 | 4 | 9 | 1 | + |
|---|---|---|---|---|---|---|
| 5 | 7 | 12 | 9 | 14 | 6 | 5 |
| 8 | 10 | 15 | 12 | 17 | 9 | 8 |
| 2 | 4 | 9 | 6 | 11 | 3 | 2 |
| 10 | 12 | 17 | 14 | 19 | 11 | 10 |
| 4 | 6 | 11 | 8 | 13 | 5 | 4 |
| 6 | 8 | 13 | 10 | 15 | 7 | 6 |
| 1 | 3 | 8 | 5 | 10 | 2 | 1 |
| 9 | 11 | 16 | 13 | 18 | 10 | 9 |
| 7 | 9 | 14 | 11 | 16 | 8 | 7 |
| 3 | 5 | 10 | 7 | 12 | 4 | 3 |

| + | 6 | 10 | 3 | 8 | 5 | + |
|---|---|---|---|---|---|---|
| 5 | 11 | 15 | 8 | 13 | 10 | 5 |
| 8 | 14 | 18 | 11 | 16 | 13 | 8 |
| 2 | 8 | 12 | 5 | 10 | 7 | 2 |
| 10 | 16 | 20 | 13 | 18 | 15 | 10 |
| 4 | 10 | 14 | 7 | 12 | 9 | 4 |
| 6 | 12 | 16 | 9 | 14 | 11 | 6 |
| 1 | 7 | 11 | 4 | 9 | 6 | 1 |
| 9 | 15 | 19 | 12 | 17 | 14 | 9 |
| 7 | 13 | 17 | 10 | 15 | 12 | 7 |
| 3 | 9 | 13 | 6 | 11 | 8 | 3 |

↑
(B の方が大きい)

A ＝ 505
B ＝ 595

## バランス 100 マス ②

| + | 87 | 82 | 88 | 89 | 85 | + |
|---|---|---|---|---|---|---|
| 20 | 107 | 102 | 108 | 109 | 105 | 20 |
| 14 | 101 | 96 | 102 | 103 | 99 | 14 |
| 18 | 105 | 100 | 106 | 107 | 103 | 18 |
| 13 | 100 | 95 | 101 | 102 | 98 | 13 |
| 12 | 99 | 94 | 100 | 101 | 97 | 12 |
| 17 | 104 | 99 | 105 | 106 | 102 | 17 |
| 19 | 106 | 101 | 107 | 108 | 104 | 19 |
| 15 | 102 | 97 | 103 | 104 | 100 | 15 |
| 16 | 103 | 98 | 104 | 105 | 101 | 16 |
| 11 | 98 | 93 | 99 | 100 | 96 | 11 |

| + | 90 | 81 | 86 | 83 | 84 | + |
|---|---|---|---|---|---|---|
| 20 | 110 | 101 | 106 | 103 | 104 | 20 |
| 14 | 104 | 95 | 100 | 97 | 98 | 14 |
| 18 | 108 | 99 | 104 | 101 | 102 | 18 |
| 13 | 103 | 94 | 99 | 96 | 97 | 13 |
| 12 | 102 | 93 | 98 | 95 | 96 | 12 |
| 17 | 107 | 98 | 103 | 100 | 101 | 17 |
| 19 | 109 | 100 | 105 | 102 | 103 | 19 |
| 15 | 105 | 96 | 101 | 98 | 99 | 15 |
| 16 | 106 | 97 | 102 | 99 | 100 | 16 |
| 11 | 101 | 92 | 97 | 94 | 95 | 11 |

A = 5085
B = 5015

A > B

↑
（A の方が大きい）

## バランス 100 マス ③

| − | 13 | 10 | 14 | 19 | 17 | − |
|---|---|---|---|---|---|---|
| 6 | 7 | 4 | 8 | 13 | 11 | 6 |
| 3 | 10 | 7 | 11 | 16 | 14 | 3 |
| 5 | 8 | 5 | 9 | 14 | 12 | 5 |
| 10 | 3 | 0 | 4 | 9 | 7 | 10 |
| 7 | 6 | 3 | 7 | 12 | 10 | 7 |
| 9 | 4 | 1 | 5 | 10 | 8 | 9 |
| 2 | 11 | 8 | 12 | 17 | 15 | 2 |
| 1 | 12 | 9 | 13 | 18 | 16 | 1 |
| 8 | 5 | 2 | 6 | 11 | 9 | 8 |
| 4 | 9 | 6 | 10 | 15 | 13 | 4 |

| − | 11 | 15 | 16 | 18 | 12 | − |
|---|---|---|---|---|---|---|
| 6 | 5 | 9 | 10 | 12 | 6 | 6 |
| 3 | 8 | 12 | 13 | 15 | 9 | 3 |
| 5 | 6 | 10 | 11 | 13 | 7 | 5 |
| 10 | 1 | 5 | 6 | 8 | 2 | 10 |
| 7 | 4 | 8 | 9 | 11 | 5 | 7 |
| 9 | 2 | 6 | 7 | 9 | 3 | 9 |
| 2 | 9 | 13 | 14 | 16 | 10 | 2 |
| 1 | 10 | 14 | 15 | 17 | 11 | 1 |
| 8 | 3 | 7 | 8 | 10 | 4 | 8 |
| 4 | 7 | 11 | 12 | 14 | 8 | 4 |

A = 455
B = 445

A > B

↑
（A の方が大きい）

## バランス 100 マス ④

| − | 88 | 84 | 86 | 82 | 81 | − |
|---|---|---|---|---|---|---|
| 20 | 68 | 64 | 66 | 62 | 61 | 20 |
| 14 | 74 | 70 | 72 | 68 | 67 | 14 |
| 17 | 71 | 67 | 69 | 65 | 64 | 17 |
| 12 | 76 | 72 | 74 | 70 | 69 | 12 |
| 16 | 72 | 68 | 70 | 66 | 65 | 16 |
| 19 | 69 | 65 | 67 | 63 | 62 | 19 |
| 11 | 77 | 73 | 75 | 71 | 70 | 11 |
| 13 | 75 | 71 | 73 | 69 | 68 | 13 |
| 18 | 70 | 66 | 68 | 64 | 63 | 18 |
| 15 | 73 | 69 | 71 | 67 | 66 | 15 |

| − | 85 | 89 | 87 | 83 | 90 | − |
|---|---|---|---|---|---|---|
| 13 | 72 | 76 | 74 | 70 | 77 | 13 |
| 18 | 67 | 71 | 69 | 65 | 72 | 18 |
| 15 | 70 | 74 | 72 | 68 | 75 | 15 |
| 20 | 65 | 69 | 67 | 63 | 70 | 20 |
| 12 | 73 | 77 | 75 | 71 | 78 | 12 |
| 19 | 66 | 70 | 68 | 64 | 71 | 19 |
| 16 | 69 | 73 | 71 | 67 | 74 | 16 |
| 21 | 64 | 68 | 66 | 62 | 69 | 21 |
| 17 | 68 | 72 | 70 | 66 | 73 | 17 |
| 14 | 71 | 75 | 73 | 69 | 76 | 14 |

A = 3435
B = 3515

A < B

↑
（B の方が大きい）

## バランス 100 マス ⑤

| × | 15 | 19 | 17 | 11 | 13 | × |
|---|---|---|---|---|---|---|
| 9 | 135 | 171 | 153 | 99 | 117 | 9 |
| 6 | 90 | 114 | 102 | 66 | 78 | 6 |
| 5 | 75 | 95 | 85 | 55 | 65 | 5 |
| 1 | 15 | 19 | 17 | 11 | 13 | 1 |
| 4 | 60 | 76 | 68 | 44 | 52 | 4 |
| 3 | 45 | 57 | 51 | 33 | 39 | 3 |
| 8 | 120 | 152 | 136 | 88 | 104 | 8 |
| 10 | 150 | 190 | 170 | 110 | 130 | 10 |
| 2 | 30 | 38 | 34 | 22 | 26 | 2 |
| 7 | 105 | 133 | 119 | 77 | 91 | 7 |

| × | 18 | 14 | 16 | 20 | 12 | × |
|---|---|---|---|---|---|---|
| 0 | 0 | 0 | 0 | 0 | 0 | 0 |
| 5 | 90 | 70 | 80 | 100 | 60 | 5 |
| 4 | 72 | 56 | 64 | 80 | 48 | 4 |
| 9 | 162 | 126 | 144 | 180 | 108 | 9 |
| 6 | 108 | 84 | 96 | 120 | 72 | 6 |
| 3 | 54 | 42 | 48 | 60 | 36 | 3 |
| 11 | 198 | 154 | 176 | 220 | 132 | 11 |
| 7 | 126 | 98 | 112 | 140 | 84 | 7 |
| 2 | 36 | 28 | 32 | 40 | 24 | 2 |
| 8 | 144 | 112 | 128 | 160 | 96 | 8 |

A = 4125
B = 4400

A < B

↑
（B の方が大きい）

## パズル 100 マス ①

| + | 76 | 73 | 80 | 71 | 78 | 74 | 72 | 79 | 75 | 77 | + |
|---|---|---|---|---|---|---|---|---|---|---|---|
| 18 | 94 | 91 | 98 | 89 | 96 | 92 | 90 | 97 | 93 | 95 | 18 |
| 15 | 91 | 88 | 95 | 86 | 93 | 89 | 87 | 94 | 90 | 92 | 15 |
| 12 | 88 | 85 | 92 | 83 | 90 | 86 | 84 | 91 | 87 | 89 | 12 |
| 14 | 90 | 87 | 94 | 85 | 92 | 88 | 86 | 93 | 89 | 91 | 14 |
| 11 | 87 | 84 | 91 | 82 | 89 | 85 | 83 | 90 | 86 | 88 | 11 |
| 19 | 95 | 92 | 99 | 90 | 97 | 93 | 91 | 98 | 94 | 96 | 19 |
| 17 | 93 | 90 | 97 | 88 | 95 | 91 | 89 | 96 | 92 | 94 | 17 |
| 20 | 96 | 93 | 100 | 91 | 98 | 94 | 92 | 99 | 95 | 97 | 20 |
| 13 | 89 | 86 | 93 | 84 | 91 | 87 | 85 | 92 | 88 | 90 | 13 |
| 16 | 92 | 89 | 96 | 87 | 94 | 90 | 88 | 95 | 91 | 93 | 16 |

## パズル 100 マス ②

| − | 85 | 88 | 82 | 89 | 84 | 90 | 87 | 83 | 86 | 81 | − |
|---|---|---|---|---|---|---|---|---|---|---|---|
| 14 | 71 | 74 | 68 | 75 | 70 | 76 | 73 | 69 | 72 | 67 | 14 |
| 18 | 67 | 70 | 64 | 71 | 66 | 72 | 69 | 65 | 68 | 63 | 18 |
| 20 | 65 | 68 | 62 | 69 | 64 | 70 | 67 | 63 | 66 | 61 | 20 |
| 13 | 72 | 75 | 69 | 76 | 71 | 77 | 74 | 70 | 73 | 68 | 13 |
| 16 | 69 | 72 | 66 | 73 | 68 | 74 | 71 | 67 | 70 | 65 | 16 |
| 19 | 66 | 69 | 63 | 70 | 65 | 71 | 68 | 64 | 67 | 62 | 19 |
| 11 | 74 | 77 | 71 | 78 | 73 | 79 | 76 | 72 | 75 | 70 | 11 |
| 17 | 68 | 71 | 65 | 72 | 67 | 73 | 70 | 66 | 69 | 64 | 17 |
| 12 | 73 | 76 | 70 | 77 | 72 | 78 | 75 | 71 | 74 | 69 | 12 |
| 15 | 70 | 73 | 67 | 74 | 69 | 75 | 72 | 68 | 71 | 66 | 15 |

## パズル 100 マス ③

| × | 19 | 14 | 12 | 16 | 20 | 18 | 15 | 11 | 17 | 13 | × |
|---|---|---|---|---|---|---|---|---|---|---|---|
| 10 | 190 | 140 | 120 | 160 | 200 | 180 | 150 | 110 | 170 | 130 | 10 |
| 8 | 152 | 112 | 96 | 128 | 160 | 144 | 120 | 88 | 136 | 104 | 8 |
| 5 | 95 | 70 | 60 | 80 | 100 | 90 | 75 | 55 | 85 | 65 | 5 |
| 3 | 57 | 42 | 36 | 48 | 60 | 54 | 45 | 33 | 51 | 39 | 3 |
| 9 | 171 | 126 | 108 | 144 | 180 | 162 | 135 | 99 | 153 | 117 | 9 |
| 1 | 19 | 14 | 12 | 16 | 20 | 18 | 15 | 11 | 17 | 13 | 1 |
| 7 | 133 | 98 | 84 | 112 | 140 | 126 | 105 | 77 | 119 | 91 | 7 |
| 4 | 76 | 56 | 48 | 64 | 80 | 72 | 60 | 44 | 68 | 52 | 4 |
| 2 | 38 | 28 | 24 | 32 | 40 | 36 | 30 | 22 | 34 | 26 | 2 |
| 6 | 114 | 84 | 72 | 96 | 120 | 108 | 90 | 66 | 102 | 78 | 6 |

## パズル 100 マス ④

| × | 13 | 17 | 20 | 15 | 19 | 11 | 14 | 18 | 12 | 16 | × |
|---|---|---|---|---|---|---|---|---|---|---|---|
| 8 | 104 | 136 | 160 | 120 | 152 | 88 | 112 | 144 | 96 | 128 | 8 |
| 1 | 13 | 17 | 20 | 15 | 19 | 11 | 14 | 18 | 12 | 16 | 1 |
| 7 | 91 | 119 | 140 | 105 | 133 | 77 | 98 | 126 | 84 | 112 | 7 |
| 3 | 39 | 51 | 60 | 45 | 57 | 33 | 42 | 54 | 36 | 48 | 3 |
| 6 | 78 | 102 | 120 | 90 | 114 | 66 | 84 | 108 | 72 | 96 | 6 |
| 9 | 117 | 153 | 180 | 135 | 171 | 99 | 126 | 162 | 108 | 144 | 9 |
| 5 | 65 | 85 | 100 | 75 | 95 | 55 | 70 | 90 | 60 | 80 | 5 |
| 2 | 26 | 34 | 40 | 30 | 38 | 22 | 28 | 36 | 24 | 32 | 2 |
| 10 | 130 | 170 | 200 | 150 | 190 | 110 | 140 | 180 | 120 | 160 | 10 |
| 4 | 52 | 68 | 80 | 60 | 76 | 44 | 56 | 72 | 48 | 64 | 4 |

## スクリーン 100 マス ①

| × | 14 | 17 | 16 | 12 | 20 | 11 | 15 | 19 | 18 | 13 | × |
|---|---|---|---|---|---|---|---|---|---|---|---|
| 9 | 126 | 153 | 144 | 108 | 180 | 99 | 135 | 171 | 162 | 117 | 9 |
| 3 | 42 | 51 | 48 | 36 | 60 | 33 | 45 | 57 | 54 | 39 | 3 |
| 7 | 98 | 119 | 112 | 84 | 140 | 77 | 105 | 133 | 126 | 91 | 7 |
| 1 | 14 | 17 | 16 | 12 | 20 | 11 | 15 | 19 | 18 | 13 | 1 |
| 8 | 112 | 136 | 128 | 96 | 160 | 88 | 120 | 152 | 144 | 104 | 8 |
| 10 | 140 | 170 | 160 | 120 | 200 | 110 | 150 | 190 | 180 | 130 | 10 |
| 2 | 28 | 34 | 32 | 24 | 40 | 22 | 30 | 38 | 36 | 26 | 2 |
| 5 | 70 | 85 | 80 | 60 | 100 | 55 | 75 | 95 | 90 | 65 | 5 |
| 4 | 56 | 68 | 64 | 48 | 80 | 44 | 60 | 76 | 72 | 52 | 4 |
| 6 | 84 | 102 | 96 | 72 | 120 | 66 | 90 | 114 | 108 | 78 | 6 |

〔一番大きい数〕
152 ＋ 144 ＋ 180
＝ 476

〔一番小さい数〕
32 ＋ 24 ＋ 60 ＝ 116

## スクリーン 100 マス ②

| × | 17 | 12 | 16 | 20 | 13 | 19 | 14 | 15 | 18 | 11 | × |
|---|---|---|---|---|---|---|---|---|---|---|---|
| 8 | 136 | 96 | 128 | 160 | 104 | 152 | 112 | 120 | 144 | 88 | 8 |
| 5 | 85 | 60 | 80 | 100 | 65 | 95 | 70 | 75 | 90 | 55 | 5 |
| 1 | 17 | 12 | 16 | 20 | 13 | 19 | 14 | 15 | 18 | 11 | 1 |
| 7 | 119 | 84 | 112 | 140 | 91 | 133 | 98 | 105 | 126 | 77 | 7 |
| 3 | 51 | 36 | 48 | 60 | 39 | 57 | 42 | 45 | 54 | 33 | 3 |
| 10 | 170 | 120 | 160 | 200 | 130 | 190 | 140 | 150 | 180 | 110 | 10 |
| 2 | 34 | 24 | 32 | 40 | 26 | 38 | 28 | 30 | 36 | 22 | 2 |
| 9 | 153 | 108 | 144 | 180 | 117 | 171 | 126 | 135 | 162 | 99 | 9 |
| 6 | 102 | 72 | 96 | 120 | 78 | 114 | 84 | 90 | 108 | 66 | 6 |
| 4 | 68 | 48 | 64 | 80 | 52 | 76 | 56 | 60 | 72 | 44 | 4 |

〔一番大きい数〕
144 ＋ 180 ＋ 96
＝ 420

〔一番小さい数〕
12 ＋ 16 ＋ 84 ＝ 112

## スクリーン 100 マス ③

| × | 16 | 13 | 19 | 17 | 15 | 18 | 12 | 11 | 14 | 20 | × |
|---|---|---|---|---|---|---|---|---|---|---|---|
| 8 | 128 | 104 | 152 | 136 | 120 | 144 | 96 | 88 | 112 | 160 | 8 |
| 2 | 32 | 26 | 38 | 34 | 30 | 36 | 24 | 22 | 28 | 40 | 2 |
| 7 | 112 | 91 | 133 | 119 | 105 | 126 | 84 | 77 | 98 | 140 | 7 |
| 1 | 16 | 13 | 19 | 17 | 15 | 18 | 12 | 11 | 14 | 20 | 1 |
| 4 | 64 | 52 | 76 | 68 | 60 | 72 | 48 | 44 | 56 | 80 | 4 |
| 6 | 96 | 78 | 114 | 102 | 90 | 108 | 72 | 66 | 84 | 120 | 6 |
| 3 | 48 | 39 | 57 | 51 | 45 | 54 | 36 | 33 | 42 | 60 | 3 |
| 10 | 160 | 130 | 190 | 170 | 150 | 180 | 120 | 110 | 140 | 200 | 10 |
| 5 | 80 | 65 | 95 | 85 | 75 | 90 | 60 | 55 | 70 | 100 | 5 |
| 9 | 144 | 117 | 171 | 153 | 135 | 162 | 108 | 99 | 126 | 180 | 9 |

〔一番大きい数〕
190 ＋ 85 ＋ 135
＝ 410

〔一番小さい数〕
24 ＋ 77 ＋ 14 ＝ 115

## スクリーン 100 マス ④

| × | 18 | 16 | 12 | 14 | 19 | 11 | 17 | 15 | 20 | 13 | × |
|---|---|---|---|---|---|---|---|---|---|---|---|
| 2 | 36 | 32 | 24 | 28 | 38 | 22 | 34 | 30 | 40 | 26 | 2 |
| 7 | 126 | 112 | 84 | 98 | 133 | 77 | 119 | 105 | 140 | 91 | 7 |
| 10 | 180 | 160 | 120 | 140 | 190 | 110 | 170 | 150 | 200 | 130 | 10 |
| 5 | 90 | 80 | 60 | 70 | 95 | 55 | 85 | 75 | 100 | 65 | 5 |
| 9 | 162 | 144 | 108 | 126 | 171 | 99 | 153 | 135 | 180 | 117 | 9 |
| 6 | 108 | 96 | 72 | 84 | 114 | 66 | 102 | 90 | 120 | 78 | 6 |
| 1 | 18 | 16 | 12 | 14 | 19 | 11 | 17 | 15 | 20 | 13 | 1 |
| 3 | 54 | 48 | 36 | 42 | 57 | 33 | 51 | 45 | 60 | 39 | 3 |
| 8 | 144 | 128 | 96 | 112 | 152 | 88 | 136 | 120 | 160 | 104 | 8 |
| 4 | 72 | 64 | 48 | 56 | 76 | 44 | 68 | 60 | 80 | 52 | 4 |

〔一番大きい数〕
200 ＋ 75 ＋ 153
＝ 428

〔一番小さい数〕
66 ＋ 19 ＋ 42 ＝ 127

## ダブルアップ 100 マス ①

| + | 34 | 38 | 36 | 39 | 32 | 37 | 31 | 33 | 35 | 40 | + |
|---|---|---|---|---|---|---|---|---|---|---|---|
| 17 | 51 | 55 | 53 | 56 | 49 | 54 | 48 | 50 | 52 | 57 | 17 |
| ×2 | 102 | 110 | 106 | 112 | 98 | 108 | 96 | 100 | 104 | 114 | ×2 |
| 13 | 47 | 51 | 49 | 52 | 45 | 50 | 44 | 46 | 48 | 53 | 13 |
| ×2 | 94 | 102 | 98 | 104 | 90 | 100 | 88 | 92 | 96 | 106 | ×2 |
| 20 | 54 | 58 | 56 | 59 | 52 | 57 | 51 | 53 | 55 | 60 | 20 |
| ×2 | 108 | 116 | 112 | 118 | 104 | 114 | 102 | 106 | 110 | 120 | ×2 |
| 15 | 49 | 53 | 51 | 54 | 47 | 52 | 46 | 48 | 50 | 55 | 15 |
| ×2 | 98 | 106 | 102 | 108 | 94 | 104 | 92 | 96 | 100 | 110 | ×2 |
| 12 | 46 | 50 | 48 | 51 | 44 | 49 | 43 | 45 | 47 | 52 | 12 |
| ×2 | 92 | 100 | 96 | 102 | 88 | 98 | 86 | 90 | 94 | 104 | ×2 |

## ダブルアップ 100 マス ②

| + | 53 | 58 | 54 | 60 | 59 | 55 | 51 | 56 | 52 | 57 | + |
|---|---|---|---|---|---|---|---|---|---|---|---|
| 19 | 72 | 77 | 73 | 79 | 78 | 74 | 70 | 75 | 71 | 76 | 19 |
| ×2 | 144 | 154 | 146 | 158 | 156 | 148 | 140 | 150 | 142 | 152 | ×2 |
| 20 | 73 | 78 | 74 | 80 | 79 | 75 | 71 | 76 | 72 | 77 | 20 |
| ×2 | 146 | 156 | 148 | 160 | 158 | 150 | 142 | 152 | 144 | 154 | ×2 |
| 13 | 66 | 71 | 67 | 73 | 72 | 68 | 64 | 69 | 65 | 70 | 13 |
| ×2 | 132 | 142 | 134 | 146 | 144 | 136 | 128 | 138 | 130 | 140 | ×2 |
| 16 | 69 | 74 | 70 | 76 | 75 | 71 | 67 | 72 | 68 | 73 | 16 |
| ×2 | 138 | 148 | 140 | 152 | 150 | 142 | 134 | 144 | 136 | 146 | ×2 |
| 14 | 67 | 72 | 68 | 74 | 73 | 69 | 65 | 70 | 66 | 71 | 14 |
| ×2 | 134 | 144 | 136 | 148 | 146 | 138 | 130 | 140 | 132 | 142 | ×2 |

## ダブルアップ 100 マス ③

| − | 62 | 67 | 64 | 61 | 63 | 69 | 66 | 70 | 65 | 68 | − |
|---|---|---|---|---|---|---|---|---|---|---|---|
| 14 | 48 | 53 | 50 | 47 | 49 | 55 | 52 | 56 | 51 | 54 | 14 |
| ×2 | 96 | 106 | 100 | 94 | 98 | 110 | 104 | 112 | 102 | 108 | ×2 |
| 17 | 45 | 50 | 47 | 44 | 46 | 52 | 49 | 53 | 48 | 51 | 17 |
| ×2 | 90 | 100 | 94 | 88 | 92 | 104 | 98 | 106 | 96 | 102 | ×2 |
| 11 | 51 | 56 | 53 | 50 | 52 | 58 | 55 | 59 | 54 | 57 | 11 |
| ×2 | 102 | 112 | 106 | 100 | 104 | 116 | 110 | 118 | 108 | 114 | ×2 |
| 20 | 42 | 47 | 44 | 41 | 43 | 49 | 46 | 50 | 45 | 48 | 20 |
| ×2 | 84 | 94 | 88 | 82 | 86 | 98 | 92 | 100 | 90 | 96 | ×2 |
| 15 | 47 | 52 | 49 | 46 | 48 | 54 | 51 | 55 | 50 | 53 | 15 |
| ×2 | 94 | 104 | 98 | 92 | 96 | 108 | 102 | 110 | 100 | 106 | ×2 |

## ダブルアップ 100 マス ④

| − | 89 | 84 | 81 | 85 | 88 | 90 | 82 | 87 | 83 | 86 | − |
|---|---|---|---|---|---|---|---|---|---|---|---|
| 12 | 77 | 72 | 69 | 73 | 76 | 78 | 70 | 75 | 71 | 74 | 12 |
| ×2 | 154 | 144 | 138 | 146 | 152 | 156 | 140 | 150 | 142 | 148 | ×2 |
| 18 | 71 | 66 | 63 | 67 | 70 | 72 | 64 | 69 | 65 | 68 | 18 |
| ×2 | 142 | 132 | 126 | 134 | 140 | 144 | 128 | 138 | 130 | 136 | ×2 |
| 13 | 76 | 71 | 68 | 72 | 75 | 77 | 69 | 74 | 70 | 73 | 13 |
| ×2 | 152 | 142 | 136 | 144 | 150 | 154 | 138 | 148 | 140 | 146 | ×2 |
| 19 | 70 | 65 | 62 | 66 | 69 | 71 | 63 | 68 | 64 | 67 | 19 |
| ×2 | 140 | 130 | 124 | 132 | 138 | 142 | 126 | 136 | 128 | 134 | ×2 |
| 16 | 73 | 68 | 65 | 69 | 72 | 74 | 66 | 71 | 67 | 70 | 16 |
| ×2 | 146 | 136 | 130 | 138 | 144 | 148 | 132 | 142 | 134 | 140 | ×2 |

## リサーチ 100 マス ①

| × | 5 | 1 | 2 | 7 | 4 | 9 | 8 | 6 | 3 | 10 | × |
|---|---|---|---|---|---|---|---|---|---|---|---|
| 8 | 40 | 8 | 16 | 56 | 32 | 72 | 64 | 48 | 24 | 80 | 8 |
| 1 | 5 | 1 | 2 | 7 | 4 | 9 | 8 | 6 | 3 | 10 | 1 |
| 5 | 25 | 5 | 10 | 35 | 20 | 45 | 40 | 30 | 15 | 50 | 5 |
| 2 | 10 | 2 | 4 | 14 | 8 | 18 | 16 | 12 | 6 | 20 | 2 |
| 9 | 45 | 9 | 18 | 63 | 36 | 81 | 72 | 54 | 27 | 90 | 9 |
| 3 | 15 | 3 | 6 | 21 | 12 | 27 | 24 | 18 | 9 | 30 | 3 |
| 10 | 50 | 10 | 20 | 70 | 40 | 90 | 80 | 60 | 30 | 100 | 10 |
| 7 | 35 | 7 | 14 | 49 | 28 | 63 | 56 | 42 | 21 | 70 | 7 |
| 4 | 20 | 4 | 8 | 28 | 16 | 36 | 32 | 24 | 12 | 40 | 4 |
| 6 | 30 | 6 | 12 | 42 | 24 | 54 | 48 | 36 | 18 | 60 | 6 |

## リサーチ 100 マス ②

| + | 48 | 43 | 41 | 45 | 49 | 44 | 46 | 47 | 50 | 42 | + |
|---|---|---|---|---|---|---|---|---|---|---|---|
| 17 | 65 | 60 | 58 | 62 | 66 | 61 | 63 | 64 | 67 | 59 | 17 |
| 15 | 63 | 58 | 56 | 60 | 64 | 59 | 61 | 62 | 65 | 57 | 15 |
| 11 | 59 | 54 | 52 | 56 | 60 | 55 | 57 | 58 | 61 | 53 | 11 |
| 20 | 68 | 63 | 61 | 65 | 69 | 64 | 66 | 67 | 70 | 62 | 20 |
| 13 | 61 | 56 | 54 | 58 | 62 | 57 | 59 | 60 | 63 | 55 | 13 |
| 16 | 64 | 59 | 57 | 61 | 65 | 60 | 62 | 63 | 66 | 58 | 16 |
| 18 | 66 | 61 | 59 | 63 | 67 | 62 | 64 | 65 | 68 | 60 | 18 |
| 12 | 60 | 55 | 53 | 57 | 61 | 56 | 58 | 59 | 62 | 54 | 12 |
| 19 | 67 | 62 | 60 | 64 | 68 | 63 | 65 | 66 | 69 | 61 | 19 |
| 14 | 62 | 57 | 55 | 59 | 63 | 58 | 60 | 61 | 64 | 56 | 14 |

## リサーチ 100 マス ③

| − | 61 | 65 | 69 | 64 | 68 | 63 | 67 | 62 | 66 | 70 | − |
|---|---|---|---|---|---|---|---|---|---|---|---|
| 14 | 47 | 51 | 55 | 50 | 54 | 49 | 53 | 48 | 52 | 56 | 14 |
| 20 | 41 | 45 | 49 | 44 | 48 | 43 | 47 | 42 | 46 | 50 | 20 |
| 13 | 48 | 52 | 56 | 51 | 55 | 50 | 54 | 49 | 53 | 57 | 13 |
| 16 | 45 | 49 | 53 | 48 | 52 | 47 | 51 | 46 | 50 | 54 | 16 |
| 19 | 42 | 46 | 50 | 45 | 49 | 44 | 48 | 43 | 47 | 51 | 19 |
| 12 | 49 | 53 | 57 | 52 | 56 | 51 | 55 | 50 | 54 | 58 | 12 |
| 15 | 46 | 50 | 54 | 49 | 53 | 48 | 52 | 47 | 51 | 55 | 15 |
| 17 | 44 | 48 | 52 | 47 | 51 | 46 | 50 | 45 | 49 | 53 | 17 |
| 11 | 50 | 54 | 58 | 53 | 57 | 52 | 56 | 51 | 55 | 59 | 11 |
| 18 | 43 | 47 | 51 | 46 | 50 | 45 | 49 | 44 | 48 | 52 | 18 |

## リサーチ 100 マス ④

| × | 13 | 16 | 12 | 19 | 15 | 20 | 14 | 17 | 11 | 18 | × |
|---|---|---|---|---|---|---|---|---|---|---|---|
| 9 | 117 | 144 | 108 | 171 | 135 | 180 | 126 | 153 | 99 | 162 | 9 |
| 4 | 52 | 64 | 48 | 76 | 60 | 80 | 56 | 68 | 44 | 72 | 4 |
| 8 | 104 | 128 | 96 | 152 | 120 | 160 | 112 | 136 | 88 | 144 | 8 |
| 1 | 13 | 16 | 12 | 19 | 15 | 20 | 14 | 17 | 11 | 18 | 1 |
| 3 | 39 | 48 | 36 | 57 | 45 | 60 | 42 | 51 | 33 | 54 | 3 |
| 7 | 91 | 112 | 84 | 133 | 105 | 140 | 98 | 119 | 77 | 126 | 7 |
| 5 | 65 | 80 | 60 | 95 | 75 | 100 | 70 | 85 | 55 | 90 | 5 |
| 2 | 26 | 32 | 24 | 38 | 30 | 40 | 28 | 34 | 22 | 36 | 2 |
| 6 | 78 | 96 | 72 | 114 | 90 | 120 | 84 | 102 | 66 | 108 | 6 |
| 10 | 130 | 160 | 120 | 190 | 150 | 200 | 140 | 170 | 110 | 180 | 10 |

## フラクション 50 マス ①

| ÷ | 5 | 4 | 9 | 3 | 7 | 1 | 10 | 8 | 2 | 6 | ÷ |
|---|---|---|---|---|---|---|---|---|---|---|---|
| 2 | $\frac{5}{2}$ | 2 | $\frac{9}{2}$ | $\frac{3}{2}$ | $\frac{7}{2}$ | $\frac{1}{2}$ | 5 | 4 | 1 | 3 | 2 |
| 3 | $\frac{5}{3}$ | $\frac{4}{3}$ | 3 | 1 | $\frac{7}{3}$ | $\frac{1}{3}$ | $\frac{10}{3}$ | $\frac{8}{3}$ | $\frac{2}{3}$ | 2 | 3 |
| 5 | 1 | $\frac{4}{5}$ | $\frac{9}{5}$ | $\frac{3}{5}$ | $\frac{7}{5}$ | $\frac{1}{5}$ | 2 | $\frac{8}{5}$ | $\frac{2}{5}$ | $\frac{6}{5}$ | 5 |
| 1 | 5 | 4 | 9 | 3 | 7 | 1 | 10 | 8 | 2 | 6 | 1 |
| 4 | $\frac{5}{4}$ | 1 | $\frac{9}{4}$ | $\frac{3}{4}$ | $\frac{7}{4}$ | $\frac{1}{4}$ | $\frac{5}{2}$ | 2 | $\frac{1}{2}$ | $\frac{3}{2}$ | 4 |

## フラクション 50 マス ②

| ÷ | 10 | 8 | 4 | 6 | 2 | 7 | 3 | 1 | 9 | 5 | ÷ |
|---|---|---|---|---|---|---|---|---|---|---|---|
| 4 | $\frac{5}{2}$ | 2 | 1 | $\frac{3}{2}$ | $\frac{1}{2}$ | $\frac{7}{4}$ | $\frac{3}{4}$ | $\frac{1}{4}$ | $\frac{9}{4}$ | $\frac{5}{4}$ | 4 |
| 2 | 5 | 4 | 2 | 3 | 1 | $\frac{7}{2}$ | $\frac{3}{2}$ | $\frac{1}{2}$ | $\frac{9}{2}$ | $\frac{5}{2}$ | 2 |
| 7 | $\frac{10}{7}$ | $\frac{8}{7}$ | $\frac{4}{7}$ | $\frac{6}{7}$ | $\frac{2}{7}$ | 1 | $\frac{3}{7}$ | $\frac{1}{7}$ | $\frac{9}{7}$ | $\frac{5}{7}$ | 7 |
| 3 | $\frac{10}{3}$ | $\frac{8}{3}$ | $\frac{4}{3}$ | 2 | $\frac{2}{3}$ | $\frac{7}{3}$ | 1 | $\frac{1}{3}$ | 3 | $\frac{5}{3}$ | 3 |
| 5 | 2 | $\frac{8}{5}$ | $\frac{4}{5}$ | $\frac{6}{5}$ | $\frac{2}{5}$ | $\frac{7}{5}$ | $\frac{3}{5}$ | $\frac{1}{5}$ | $\frac{9}{5}$ | 1 | 5 |

## フラクション 50 マス ③

| ÷ | 12 | 19 | 16 | 11 | 15 | 18 | 13 | 17 | 14 | 20 | ÷ |
|---|---|---|---|---|---|---|---|---|---|---|---|
| 3 | 4 | $\frac{19}{3}$ | $\frac{16}{3}$ | $\frac{11}{3}$ | 5 | 6 | $\frac{13}{3}$ | $\frac{17}{3}$ | $\frac{14}{3}$ | $\frac{20}{3}$ | 3 |
| 5 | $\frac{12}{5}$ | $\frac{19}{5}$ | $\frac{16}{5}$ | $\frac{11}{5}$ | 3 | $\frac{18}{5}$ | $\frac{13}{5}$ | $\frac{17}{5}$ | $\frac{14}{5}$ | 4 | 5 |
| 8 | $\frac{3}{2}$ | $\frac{19}{8}$ | 2 | $\frac{11}{8}$ | $\frac{15}{8}$ | $\frac{9}{4}$ | $\frac{13}{8}$ | $\frac{17}{8}$ | $\frac{7}{4}$ | $\frac{5}{2}$ | 8 |
| 2 | 6 | $\frac{19}{2}$ | 8 | $\frac{11}{2}$ | $\frac{15}{2}$ | 9 | $\frac{13}{2}$ | $\frac{17}{2}$ | 7 | 10 | 2 |
| 6 | 2 | $\frac{19}{6}$ | $\frac{8}{3}$ | $\frac{11}{6}$ | $\frac{5}{2}$ | 3 | $\frac{13}{6}$ | $\frac{17}{6}$ | $\frac{7}{3}$ | $\frac{10}{3}$ | 6 |

## フラクション 50 マス ④

| ÷ | 28 | 22 | 26 | 29 | 24 | 30 | 27 | 21 | 23 | 25 | ÷ |
|---|---|---|---|---|---|---|---|---|---|---|---|
| 5 | $\frac{28}{5}$ | $\frac{22}{5}$ | $\frac{26}{5}$ | $\frac{29}{5}$ | $\frac{24}{5}$ | 6 | $\frac{27}{5}$ | $\frac{21}{5}$ | $\frac{23}{5}$ | 5 | 5 |
| 9 | $\frac{28}{9}$ | $\frac{22}{9}$ | $\frac{26}{9}$ | $\frac{29}{9}$ | $\frac{8}{3}$ | $\frac{10}{3}$ | 3 | $\frac{7}{3}$ | $\frac{23}{9}$ | $\frac{25}{9}$ | 9 |
| 4 | 7 | $\frac{11}{2}$ | $\frac{13}{2}$ | $\frac{29}{4}$ | 6 | $\frac{15}{2}$ | $\frac{27}{4}$ | $\frac{21}{4}$ | $\frac{23}{4}$ | $\frac{25}{4}$ | 4 |
| 7 | 4 | $\frac{22}{7}$ | $\frac{26}{7}$ | $\frac{29}{7}$ | $\frac{24}{7}$ | $\frac{30}{7}$ | $\frac{27}{7}$ | 3 | $\frac{23}{7}$ | $\frac{25}{7}$ | 7 |
| 2 | 14 | 11 | 13 | $\frac{29}{2}$ | 12 | 15 | $\frac{27}{2}$ | $\frac{21}{2}$ | $\frac{23}{2}$ | $\frac{25}{2}$ | 2 |

## 【100マス計算《けいさん》　ヒント】

「100マス計算《けいさん》」は、たての列《れつ》の数《かず》と横《よこ》の列《れつ》の数《かず》を交差《こうさ》するマスに計算《けいさん》してかいていく学習法《がくしゅうほう》です。

★共通《きょうつう》

・左右《さゆう》のたての列《れつ》の数《かず》は1マス計算《けいさん》するたびに見《み》るのではなく、新《あたら》しい列《れつ》を計算《けいさん》する初《はじ》めのときだけ見《み》るようにする

★たし算《ざん》

・10以上《いじょう》の数《かず》にくり上《あ》がる計算《けいさん》は、どちらかの数《かず》を分解《ぶんかい》し、10のかたまりを作《つく》る

(例《れい》) 7＋6＝13では、①と②の方法《ほうほう》

① 6は3と3に分解《ぶんかい》、7＋3＝10

② 7は4と3に分解《ぶんかい》、6＋4＝10

→残《のこ》りの3と10をたして、13

★ひき算《ざん》

・10以下《いか》の数《かず》にくり下《さ》がる計算《けいさん》では、ひく数《かず》にたすと10になる数《かず》とひかれる数《かず》の一《いち》の位《くらい》をたす

(例《れい》) 13－6＝7では、

6にたすと10になる数《かず》は、4

→13の一《いち》の位《くらい》の3と4をたすと、7

★かけ算《ざん》

・九九《くく》の習熟《しゅうじゅく》が一番《いちばん》の近道《ちかみち》。となえながらとく

## 【ダウト100マス　ヒント】

マスに答《こた》えが書《か》かれてあるけれども、まちがいがまぜられている100マス計算《けいさん》。ただの計算力《けいさんりょく》だけでなく、たしかめ算《ざん》をする力《ちから》、よく数字《すうじ》を見《み》て答《こた》え合《あ》わせをする力《ちから》がつきます。

★共通《きょうつう》

・まちがいを見《み》つける方法《ほうほう》として、いくつかのパターンが考《かんが》えられる

① 100マス方式《ほうしき》

いつも通《とお》りの100マス計算《けいさん》として計算《けいさん》し、答《こた》えがちがうところをさがす

② たしかめ算方式《ざんほうしき》

答《こた》えのマスにかかれてある数《かず》と、左右《さゆう》にならぶたての列《れつ》の数《かず》を計算《けいさん》し、横《よこ》の列《れつ》の数《かず》にならない数《かず》をさがす

(上記《じょうき》の逆《ぎゃく》の横《よこ》の列《れつ》の数《かず》との計算《けいさん》もあり)

③ まちがえ見《み》つけ方式《ほうしき》

同《おな》じ列《れつ》に同《おな》じ数《かず》がないか、などでさがす

(ただし、同《おな》じ数《かず》がなくともまちがいがある可能性《かのうせい》がある)

など。

## 【ブランク100マス　ヒント】

横《よこ》の列《れつ》の数《かず》がぬけており、中《なか》のマスにいくつか答《こた》えが書《か》かれてある100マス計算《けいさん》。100マス計算《けいさん》のルールから、あてはまる残《のこ》りの数字《すうじ》を思考《しこう》し、たしかめ算《ざん》をする力《ちから》がきたえられます。

★共通《きょうつう》

・各列《かくれつ》で同《おな》じ数字《すうじ》は使《つか》えない

・あたえられた数《かず》からわかることを考《かんが》える

・たしかめ算《ざん》を活用《かつよう》する

たし算《ざん》であれば、ひき算《ざん》で考《かんが》える

ひき算《ざん》であれば、たし算《ざん》で考《かんが》える

かけ算《ざん》であれば、九九《くく》で考《かんが》える

(もしくは、わり算《ざん》)

・横《よこ》の列《れつ》にも中《なか》のマスにも数《かず》がなく、たての列《れつ》の数《かず》しかわからないときは、まずわかるところまで他《ほか》のマスをうめる。そして、何《なん》の数字《すうじ》をつかったかかくにんする

・横《よこ》の列《れつ》にもたての列《れつ》にも数《かず》がなく、中《なか》の答《こた》えしかわからないマスもある。その場《ば》合《あい》も入《はい》る可能性《かのうせい》のある数《かず》をへらしてから、つかっていない数《かず》を1つえらんで、たしかめ算《ざん》をしてみる。その計算《けいさん》をしてみて、横《よこ》かたての列《れつ》でその答《こた》えにあてはまる数《かず》がつかわれていなければそれをあてはめる。あてはまらなければ、また別《べつ》の数《かず》をためすというのをくりかえす

## 【バランス100マス　ヒント】

てんびんのさらの上《うえ》にある2つの「100マス計算《けいさん》」をし、それぞれの和《わ》を出《だ》してどちらの数《かず》が多《おお》いかをくらべる100マス計算《けいさん》。数《かず》が50マスずつと多《おお》くあり、

★共通《きょうつう》①

・列《れつ》ごとに計算《けいさん》して答《こた》えを出《だ》し、それから列《れつ》ごとの答《こた》えをたしていく

・前《まえ》から順《じゅん》に計算《けいさん》せず、切《き》りのよい数《かず》になる数字《すうじ》をえらんで計算《けいさん》する

(例《れい》) 4＋9＋6＋11＋3の場合《ばあい》

4＋6、9＋11、3と分《わ》けると

10＋20＋3＝33

★共通《きょうつう》②

・実《じつ》は2つのことがわかり、それをくらべることで、より簡単《かんたん》にできる

① 左右《さゆう》のマスでちがう点《てん》

② 左右《さゆう》のマスで同《おな》じ点《てん》

たての列《れつ》の数《かず》がABともに同《おな》じ場合《ばあい》、一番上《いちばんうえ》の横《よこ》の列《れつ》の数《かず》の和《わ》さえ計算《けいさん》すれば、AとBの大小《だいしょう》はわかる

たての列《れつ》の数《かず》がちがう場合《ばあい》でも、いくつちがうかがわかれば、先《さき》ほどの応用《おうよう》でわかる、など

## 【パズル100マス　ヒント】

答《こた》えの数《かず》が書《か》かれたマスパズルにあう場所《ばしょ》を、答《こた》えからさがす100マス計算《けいさん》。答《こた》えをまちがえるとパズルが合《あ》わないので、計算力《けいさんりょく》が求《もと》められ、同《おな》じ数字《すうじ》のならびをさがす集中力《しゅうちゅうりょく》も求《もと》められます。(自《じ》分《ぶん》の書《か》いた答《こた》えを見《み》ることになるので、字《じ》をキレイに書《か》くことにもつながります)

★共通《きょうつう》

・パズルにある大《おお》きい数《かず》や小《ち》さい数《かず》などに注目《ちゅうもく》してさがす

・1つしかないような数《かず》があれば、それに注目《ちゅうもく》してさがす

たし算《ざん》であれば2や20。

## 【スクリーン100マス　ヒント】

求《もと》められたかこい方《かた》でいくつかのマスをかこい、その数《かず》を合計《ごうけい》した数《かず》が一番大《いちばんおお》きくなる数《かず》と一番小《いちばんち》さくなる数《かず》をさがす100マス計算《けいさん》。たしかな計算力《けいさんりょく》と、2けたのたし算《ざん》をする力《ちから》が求《もと》められます。

★一番大《いちばんおお》きい数《かず》

・まずは、たての列《れつ》と横《よこ》の列《れつ》の数《かず》を見《み》て答《こた》えに書《か》いたなるべく大《おお》きい数《かず》に注目《ちゅうもく》する

・ただし、かこい方《かた》が決《き》まっているので、答《こた》えの中《なか》で一番大《いちばんおお》きい数《かず》をふくむとは限《かぎ》らない

★一番小《いちばんち》さい数《かず》

・まずは、たての列《れつ》と横《よこ》の列《れつ》の数《かず》を見《み》て答《こた》えに書《か》いたなるべく小《ち》さい数《かず》に注目《ちゅうもく》する

・ただし、かこい方《かた》が決《き》まっているので、答《こた》えの中《なか》で一番小《いちばんち》さい数《かず》をふくむとは限《かぎ》らない

★共通《きょうつう》

・これだと思《おも》う組《く》み合《あ》わせを見《み》つけても、周《まわ》りを何度《なんど》も見直《みなお》す。さらにふさわしい数《かず》になる組《く》み合《あ》わせがないかをさがす

## 【ダブルアップ 100 マス　ヒント】

通常通《つうじょうどお》り計算《けいさん》をしたあと、その答《こた》えに2をかける100マス計算《けいさん》。ただの100マス計算《けいさん》の答《こた》えに×2をすることで3つの数《かず》を計算《けいさん》することになり、複雑《ふくざつ》な暗算《あんざん》の土台《どだい》や、計算《けいさん》の順序《じゅんじょ》を理解《りかい》する力《ちから》、たしかめ算《ざん》をする力《ちから》がきたえられます。

★共通《きょうつう》

・たし算《ざん》とひき算《ざん》は、先《さき》に2をかけてしまうと、答《こた》えがまるで違《ちが》ってしまうので注意《ちゅうい》

・2をかけるときは、筆算《ひっさん》と同《おな》じように、一《いち》の位《くらい》から順《じゅん》にかけていくようにする

## 【リサーチ 100 マス　ヒント】

どうぶつたちの話《はなし》を聞《き》いて、ぬけている横《よこ》の列《れつ》の数《かず》を思考《しこう》してさがす100マス計算《けいさん》。書《か》いてある文章《ぶんしょう》を理解《りかい》する力《ちから》と「何番目《なんばんめ》」などの算数的《さんすうてき》な力《ちから》もきたえられます。

★共通《きょうつう》

・「一番《いちばん》はしの数《かず》」のように、左右《さゆう》どちらかのはしにその数《かず》が入《はい》ることがわかったら、そのマスの上《うえ》に候補《こうほ》になる数《かず》を小《ちい》さく書《か》いておくことで、後《あと》が考《かんが》えやすくなる

・「左《ひだり》から」や「右《みぎ》から」など始点《してん》に注意《ちゅうい》

・「右《みぎ》から3番《ばん》め」と「右側《みぎがわ》の3マス」では、示《しめ》している場所《ばしょ》がちがう
「3番《ばん》め」は3番目《ばんめ》の数《かず》のみ。「右側《みぎがわ》の3マス」は、3マスすべてを示《しめ》している

・「真《ま》ん中《なか》の2マス」も真《ま》ん中《なか》が2マスあるので、候補《こうほ》として上《うえ》にメモする

など

## 【フラクション 50 マス　ヒント】

分数《ぶんすう》の約分《やくぶん》を習熟《しゅうじゅく》するための100マス計算《けいさん》。わり算《ざん》の延長《えんちょう》なので、おまけとして収録《しゅうろく》。わり算《ざん》を分数《ぶんすう》にする力《ちから》や、それを約分《やくぶん》して一番小《いちばんちい》さい分数《ぶんすう》にする力《ちから》をつけることで、小学校以降《しょうがっこういこう》でもつかえる力《ちから》になります。

★共通《きょうつう》

・ひき算《ざん》と同《おな》じように、横《よこ》の列《れつ》の数《かず》÷たての列《れつ》の数《かず》の順《じゅん》で考《かんが》えて立式《りっしき》する

・わりきれる数《かず》、わりきれない数《かず》を頭《あたま》の中《なか》で考《かんが》える

・1、2、3、5、7はその数《かず》と1でしか約分《やくぶん》できない数《かず》である
11、13、17、19もその数《かず》と1でしか約分《やくぶん》できない数《かず》である
位《くらい》が上《あ》がると他《ほか》にもあるので、たしかめよう

# 考える力がつく！ 100マス計算 上級


2022年1月30日　初版発行

著　者　フォーラム・A編集部
発行者　面　屋　尚　志
企　画　清　風　堂　書　店
発行所　フ　ォ　ー　ラ　ム・A


〒530-0056　大阪市北区兎我野町15-13
電話（06）6365-5606
FAX（06）6365-5607
振替　00970-3-127184
http://www.foruma.co.jp/


制作編集担当・田邉光喜

表紙デザイン・ウエナカデザイン事務所
印刷・製本・㈱光邦